女子服饰图鉴

1130 种服装、鞋帽、包包、配饰、纹样、配色详解

[日] 沟口康彦 著

冯利敏 译

南海出版公司

2024 · 海口

随着网络的普及，人们对信息的获取越来越便捷。不过，现在仍有很多领域资料稀缺，总会让人觉得"还是差一点意思"。

在寻找某一物品时，首先出现在脑海里的往往不是它的名字或相关解释，而是这个物品大致的样子。但是，在网络上搜索时，如果没有关键词，我们就很难查找……于是我就想，难道就没有一个工具，可以让我们仅凭脑海里的印象或想象就能找到所需物品？被这样的念头驱使，我创立了时尚搜索网站"https://www.modalina.jp/"。

但在网站成立初期，与时尚相关的各种专业术语让我屡屡碰壁。如果知道某件衣服的种类或特征，并能用相关专业术语精准表述出来，那么我们很快就能搜索到这件衣服，反之则无法查找。"用想象找一件商品"这件事本身就很难，也没有捷径可言。

最后，这本手绘时尚图鉴应运而生了！当然，如果能直接使用实物照片，也许会更加直观，也可以省去绘图的时间和精力。不过，实物照片所呈现的信息量过多，反而会弱化想要突出展示的特点，所以，即便是费时费力，我还是决定制作手绘图。我从零基础开始电脑绘图，一边观察衣服、鞋子、饰品的特征，一边一点一点地绘图，图片的数量慢慢增加，不知不觉间就超过了1000张。

本书在创作过程中，有幸得到了日本杉野服饰大学福地宏子老师和数井靖子老师的专业指导，在此向两位老师致以诚挚的谢意！

画工拙劣，解说可能也有不够完善之处，还请见谅。希望本书能对大家有些许的帮助。

沟口康彦

绘画

帮你解决

"不懂服装，

因而画出来的人物

总是穿着差不多的衣服"

的难题。

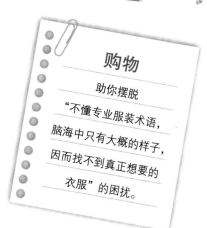

购物

助你摆脱

"不懂专业服装术语，

脑海中只有大概的样子，

因而找不到真正想要的

衣服"的困扰。

穿搭

在不知道

这件衣服究竟

该如何穿搭时，

为你带来灵感。

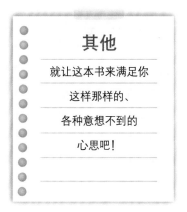

其他

就让这本书来满足你

这样那样的、

各种意想不到的

心思吧！

女性
帽子: 嘉宝帽（p114）
外套: 战壕风衣（p88）
包：医生包（p129）
鞋：船鞋（p107）

男性
外套：便装短外套（p80）与
　　　棒球夹克（p84）的结
　　　合款
内搭：豪斯格纹衬衣（p149）
鞋：香槟鞋（p104）

插图：CHIAKI

左

太阳镜：圆眼镜（p135）

外套：骑行夹克（p83）

泳衣：吊带背心比基尼（p93）

手套：短手套（p98）

右

发饰：发夹（p122）

泳衣：背部交叉式肩带（p95）

裤子：画家裤（p59）

配饰：幸运编绳（p134）

包：水桶包（p127）

· 时装的搭配多种多样，在绘制插图时，
大家可以根据自己的喜好自由设计。

插图：CHIAKI

目　录

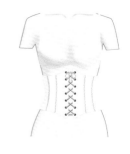

圆领
*round neck**

所有开口呈圆形的领口的统称，指的是领口沿脖颈的形状呈圆形。小圆领（p11）、U字领（p9）都属圆领，不同类型的圆领多以领子在脖颈周围的开合程度来进行区分。

亨利领
Henley neck

一种可以通过纽扣打开、带有门襟的圆领。因增加了纵向线条，可以使脸和脖颈看起来更修长。

高领
high neck

所有没有翻折，且与脖颈贴合度较好的立领的统称。

瓶颈领
bottle neck

正如其名，这种领型就像瓶口，与脖颈紧密贴合，也是一种没有翻折的立领。属于高领的一种。

露颈领
off neck

所有与脖颈不贴合的立领的统称。

樽领（保罗领）
turtle neck

一种有翻折的立领。樽领多被用在毛衣的设计中，人们在穿着时一般会把领子翻折成两层。其缺点是会显脸大，大家在选择时需注意。

大樽领
off-turtle neck

指与脖颈间有较大空隙，可以从脖颈垂下来的宽松樽领。这种领型非常有分量感，相对来说也有显脸小的效果，宽松垂坠的线条可以使人看起来更加柔和。英文名称中的 off 是离开的意思，直译为"不贴着脖颈的樽领"。

*部分名称没有标准英文译名，故书中采用多国译名标注。

U 字领
U neck

剪裁较深、呈 U 字形的领口。比圆领裁得深，脖子的裸露面积增加，可以弱化脸部的存在感，从而起到瘦脸的效果。领口裁得越深，拉长脖颈线条的效果越明显。这种领型非常有助于协调脸部和颈部的视觉比例，但如果裁剪的面积过大，反而会显得不雅观；如果是纯色的衣服，甚至看起来像内衣，这两点请大家注意。

首饰领（椭圆领）
jewel neck

一种标准圆领。因领口形状能够很好地衬托项链和吊坠而得名。

深 U 领
oval neck

一种呈卵形、线条圆润的领型。比 U 字领裁得更深。

船形领
boat neck

一种形如船底、横向稍宽且浅的领型。该领型线条柔和，可以使锁骨看起来更加漂亮，不挑身材，胸口部分也不会过分裸露。船形领既能展现高雅的气质，又不失甜美，还易与其他衣服搭配。一般被用在礼服的设计中，大家比较熟知的条纹海军衫（basque shirt）用的就是这种领型。

法式船形领
bateau neck

该领型本来也属于船形领，但现在多被当作婚纱术语使用，特指两侧轻轻遮住肩膀、线条更加柔和的船形领。bateau 在法语中即船的意思。

汤匙领
scooped neck

如字面意思，这种领的形状像是用汤勺或铁锹挖出的一样。

9

方领
square neck

不论裁剪面积大小，所有四角形的领型都统称为"方领"。该领型不会太过暴露，对锁骨和胸部的展示效果较好。圆脸的人穿着该领型可以使脸部线条看起来更加清晰、有棱角。

T 字领
T neck

指在水平的领口中间加了前开襟的领型。与该领型相似的还有一字领（p12）。

V 字领
V neck

所有 V 形领的统称，还可以指 V 形领衣服本身。这种领型比圆领开得更深，有瘦脸的效果，会让脖颈看起来更显清爽整洁，非常适合圆脸人士。

多层领
layered neck

指假两件或是叠穿时，能够呈现层次感的领型。有些服装会用樽领（p8）和 V 字领设计出叠穿的效果。

深 V 领
plunging neck

一种比 V 字领剪裁得更深的领型。经常被用在晚礼服的设计中，对胸口有较好的展示效果，可以使人看起来更加性感。plunging 意为深入、跳入，所以该领型有时也称作 "diving neck"。

前开领
open front neck

一种为了方便穿脱，在领子前面添加了开口设计的领型。前开领也称作 "slit neck"。

五角领
pentagon neck

一种五角形的领型。

梯形领
trapeze neck

一种梯形的领型。trapeze 在法语中是梯形之意。

扇贝形领
scalloped neck

一种被裁剪成由多个扇贝一样的半圆组成的波浪状领型。scallop 为扇贝、扇贝壳之意。

心形领
heart shaped neck

一种被裁剪成心形的领型。

甜心领
sweetheart neck

一种向下裁剪得较深的心形领型。

锁孔领
keyhole neck

形状像锁孔一样的领型。在圆形领的基础上加入了圆形或多边形开口设计。

钻石领
diamond neck

形似钻石的领型。

芭蕾领
ballerina neck

这种领型横向裁剪的面积较大，对锁骨的展示效果比较好。经常被用在女芭蕾舞演员的服装设计中。

小圆领
crew neck

圆领的一种。该领型源自船员所穿着的毛衣，与脖颈的贴合度较好，一般多见于针织衫的设计中。小圆领易于搭配，但因颈部比较紧凑，所以会增强脸部的存在感，想要追求瘦脸效果时，就不太推荐穿着该领型的衣服。同时，小圆领有弱化下巴和颧骨线条的作用，会使人面部线条看起来更加柔和，适合脸部棱角分明的人。

绕颈领
halter neck

一种通过将布或绳子挂在脖颈上形成的领型，能完全展示出肩部和后背，常见于泳装和晚礼服的设计中。halter 在英语中为马、牛等动物的缰绳之意。

十字绕颈领
cross halter neck

通过将布或绳子交叉悬挂在脖颈上形成的领型，能完全展示出肩部和后背，常见于泳装和晚礼服的设计中。该领型一般在胸部有较深的剪裁，也称作"十字吊带领（cross strap neck）"。

低胸领
décolleté

指从脖颈到胸口的部分裸露面积较大的领型。领口下方的裁剪线又被称作"胸线"，使用了该领型的长摆礼服被称作"中礼服（p71）"，是一种女性在正式场合穿着的最高级别的礼服。低胸领服装能够高雅地展现肌肤之美，但同时由于该部位皮肤容易暴露年龄，选择要因人而异。在法语中，dé 代表从哪里远离或离开，collet 意为脖子。

裹肩领
off-shoulder neck

一种横向较宽的领型，可使两侧的肩膀裸露出来，多见于婚纱、晚礼服和针织上衣的设计中。这种露肩设计会使人看起来更纤瘦，所以比较适合肩宽的人士穿着。因增加了脖颈以及肩膀周围肌肤的裸露面积，所以还有拉宽面部线条的效果，因此脸型较长的人也很适合穿着该领型。通过对锁骨和胸线的展示，使人看起来更加美观高雅，增添女性魅力。

切领
slashed neck

一种像是一刀剪开的水平领型。该领型一般横向开口至两肩内侧的位置，正面看呈一条直线。

一字领
Sabrina neck

一种直线状领型。因被奥黛丽·赫本在出演电影《龙凤配》（*Sabrina*）时穿着而逐渐开始流行。和切领十分相似。

百褶领
tucked neck

用布料在领口前方捏出数个排列整齐的褶皱，带有这种设计的领型就叫作"百褶领"。这种设计不仅有装饰性，还可以使衣服看起来更加立体，并为衣服增加更多功能性。

单肩领
one shoulder

一种起于一侧肩膀，止于另一侧腋下的领型，左右不对称。露肩斜领与此款领型类似。

露肩斜领
oblique neck

该领型也是一种左右不对称的领型。oblique即倾斜之意。

斜肩领
asymmetric neck

该领型最大的设计特点就是左右不对称。

泪珠形开襟领
teardrop placket

一种正面有泪珠形开口的领型。这种小开襟既可以使衣服方便穿脱，同时还具有很好的装饰性。

系带领
lace-up front

一种将领子的前开襟用绳子交叉穿起来的领型。

抽绳领
drawstring neck

一种可以用绳子将领口收紧的领型。通过抽拉绳子，可以给衣领增加张弛度和分量感。英文名中的draw即抽、拉之意，string为绳子之意。

褶皱领
gathered neck

一种通过将布料缝起来，在领口形成褶皱的领型。gather即聚集之意。

垂坠领
draped neck

一种由数层柔软垂坠的褶皱构成的领型。所谓 drape，即让布料如流水般垂坠下来，形成自然的褶皱。穿着该领型可以使人看起来更加优雅。

罩式领
cowl neck

一种由多个宽松的褶皱组成的领型。cowl 是修道士所穿的外袍。

漏斗领
funnel neck

一种形似漏斗的领型。funnel 即漏斗。

削肩立领
American armhole

一种露肩领型，在袖子的分类中又叫作"美式袖"。从脖子上部直接裁至腋下所形成的开口即为袖子的部分。

希腊领
Grecian neck

该领型的设计特点是脖子以下的布料会被裁掉或者减少。grecian 意为古希腊风。

透视领
illusion neck

指用蕾丝等材质制作的领子，可使脖颈、双肩、后背部分呈现透视效果，经常用在婚纱设计中。如果使用装饰性极强的材质制作，穿上后会显得十分华贵。

马蹄领
queen anne neck

一种肩膀用蕾丝等材质覆盖住、胸线向下剪裁较深的领型。该领型多见于婚纱设计中，可以让颈部的线条看起来更漂亮，肩膀处有适当的遮盖，可以让肩膀看起来不会过宽。

细肩带
spaghetti strap

肩带十分纤细，因形似意大利面而被命名。这种设计对上半身肌肤有很好的展示效果，使人看起来更加性感。spaghetti 为意大利式细面条之意。

领子

标准领
standard collar

一种最普通、最常见的衬衫领型。英文名还可写作"regular collar"。

短尖领
short point collar

该领型的领尖比标准领短（一般小于6厘米），左右两边领尖间距较宽，给人一种休闲、清新、干净之感，一般不搭配领带穿着。也叫作"小方领"。

纽扣领
button down collar

领尖处有纽扣固定。一般用于休闲服装，基本不用于正式场合。该领型起源于1900年前后，是便装常用的经典领型。据说是为了防止在马球比赛中，衣领被风吹起遮挡球员脸部而设计。

锁扣领
button up collar

领尖像提手一样用纽扣固定住的领型。这种设计可以把领带的打结处托起来，使领带看起来更加漂亮。

水平领
horizontal collar

因两领尖构成的角度接近水平而得名，左右领尖间的角度一般会大于120°。水平领在意大利男装中非常常见，十分受运动员欢迎。不搭配领带穿着的时候，给人一种休闲之感，易于搭配，适用于正式、半正式场合，因此人们对该领型情有独钟。

饰耳领
tab collar

领子内侧设计了两个小袢，使领子可以固定。打上领带的时候，领尖会稍稍收紧，增加领子的立体感。穿着该领型的衬衣，会给人古典、优雅、知性但又不失轻便的多重感觉。

针孔领
pinhole collar

该领型会在领尖处各锁一个针孔，用领针棒穿过针孔固定领子。该领型多用在立体感较强且较为华贵的衬衫设计中，给人以知性、优雅的感觉。也叫帝国式领。

意式双扣领
due bottoniera

领基*比其他领型要高，咽喉处有两颗纽扣。该领型即使不打领带，看起来也不休闲。

* 领基：即整个领子的基部，一般为条状。

意式三扣领
tre bottoniera

领基非常高，咽喉处共有三颗纽扣，一般不搭配领带。即便没系领带，该领型依然能显得十分雅致、有格调，左右领尖一般也会加入纽扣的设计。tre bottoniera 在意大利语中为三颗纽扣之意。

巴里摩尔领
Barrymore collar

该领型的领尖比一般的领子要长。名字来源于好莱坞影星约翰·德鲁·巴里摩尔（John Drew Barrymore）。

隧道领
tunnel collar

指领面如隧道般弯曲呈圆筒状的领子。

意式领
Italian collar

领口呈 V 字形，领子和领基用一整片完整面料剪裁而成，又叫一片领。该领型不适合打领带，除衬衣外，也经常被用在毛衣和外套的设计中。

窄开领
narrow spread collar

该领型两个领尖之间的距离较窄，角度小于 60°。

两用领
soutien collar

该领型的特点是第一颗纽扣无论是系着还是解开，都可以呈现很好的效果。底领*前高后低，折边呈直线，英文名还写作"convertible collar"。

* 底领：领子内侧折边线以下的部分。

巴尔玛肯领
Bal collar

即两用领。解开第一颗纽扣时，领边向外翻折形成的领子，下领比上领要小。英文全称为"Balmacaan collar"。这种领型一般用于巴尔玛肯大衣（p88）。

圆角领
round collar

指领尖裁剪呈圆角状的领型。圆润的领尖可以凸显女性的柔美，带给人优雅的感觉，但该领型会使脸部的轮廓更加突出，所以并不适合圆脸人士穿着。同时由于休闲感比较强，所以商务场合尽量避免选用该领型的衬衣。除此之外，在立领的学生制服中，将塑料材质的可替换式领子内侧部分去掉，再用白色布料缏边改造成的内嵌式领子也叫作"圆角领"。

巴斯特·布朗领
Buster Brown collar

一种宽大的圆角领，源自二十世纪初风靡美国的漫画《巴斯特·布朗》（*Buster Brown*），因主人公巴斯特·布朗经常穿着该领型的衣服而得名。一般用于儿童服饰。

伊顿领
Eton collar

一种宽大、扁平的领子（没有领基）。源自英国伊顿公学的校服，所以得名伊顿领。

诗人领
poet's collar

一种比较宽大的领型，多用柔软的布料制作，领子内部没有内衬。因被十九世纪初英国著名诗人拜伦（Byron）、雪莱（Shelley）等人喜爱而得名。poet即诗人。

花瓣领
petal collar

一种呈花瓣形状的领子。这种设计有的是在领子上直接加入了像花瓣一样的圆角雕花，有的是将切成花瓣形状的布重叠起来制作成领子。它是一种无领基扁平翻领。

开领
open collar

领子贴边的上部稍稍折下来，形成一个小翻领。脖颈周围不紧绷，透气性好，所以人们经常在度假时或温暖的季节穿着。夏威夷衫就是使用了该领型的典型代表。

哈马领
Hama collar

开领的一种，下领上有一条系纽扣的带子，源自二十世纪七十年代流行于日本横滨的复古时尚。常见于女学生制服和衬衫的设计中。

侧开领
sideway collar

一种左右不对称的领型，领子的搭门不在正面，而是偏向左侧或右侧。

彼得·潘领
Peter Pan collar

一款领尖为圆形、较宽的领型。常见于儿童服装和女性服装中，也称娃娃领。它是圆角领（p17）的一种，同时因较宽，也可归类于平翻领（flat collar）。

马蹄铁领
horseshoe collar

一种形如马蹄铁的领型。即在深U形领口上加上平翻领后形成的领型。

低敞领
low collar

所有在较宽的领口上添加无领基、底领等平翻领后形成的领型的统称。同时，领基较低的领子也叫作"低敞领"。

立领
stand collar

穿着时贴合脖颈，竖立、无翻折的领型的统称。

毛式领
Mao collar

立领的一种，多见于旗袍等中式服装。

中式领
mandarin collar

指宽度较窄的立领。源自清朝的一种穿于袍服外的短衣——马褂，与毛式领的形状基本相同。

翼领
wing collar

立领的一种，因前端外翻形似鸟翼而得名。正式又优雅的翼领衬衫，一般多搭配阿斯科特领带（p132），常见于晨礼服或燕尾服（p81）的搭配中。也叫燕子领。

宽立领
stand away collar

一种不与脖颈贴合，较为宽松的立领。其英文称还写作 "far away collar"或"stand off collar"。

直领
band collar

立领的一种，领口上添加了带状布条。这是一种休闲领型，可以使脖颈周边更加清爽，提升穿着者的精气神。

军官服领
officer collar

立领的一种，常见于军官制服中，领口一般会用挂钩固定。officer 即上校、士官之意。

褶边立领
frill stand collar

立领的一种，在领子上方添加褶皱作为装饰，使领子看起来更加飘逸灵动。

牧师领
clerical collar

特指教会教职人员所穿着的一种立领。领子中白色的部分看起来和罗马领（p22）很像。有时也可形容较宽的领带和项链。

环带领
belt collar

指用皮带或将一侧领尖延长呈带状，把整个领子捆扎起来所呈现的领型。也叫皮带领。

高竖领
chin collar

指高度可以遮住下巴的直筒状领子。为了不妨碍下巴的活动，一般会把领口做得稍大。该领型防寒保暖的效果较好，所以常与毛领等一起被用在防寒外套的设计中。

水手领
sailor collar

水手服常用的一种领型。当在甲板上听不清声音时，船员们通过竖立领子，可以更好地听清声音。可搭配方巾或领带。

蝴蝶结
bow tie

在女性服装中，有些领子是通过系成蝴蝶结呈现的。该领型也是女式衬衣中极具代表性的经典领型。bow即蝴蝶结，在男性服装中，bow tie一般是指领结或蝶形领带。

围巾领
scarf collar

该领型看起来像是系在脖子上的围巾。scarf collar亦可指使用了该领型的上衣。如果领子较窄，则可称作"丝带领（ribbon collar）"。

花边领饰
jabot

这种带有花边的领饰多由质地轻薄的布料制作而成，一般装饰在胸前。其英文名也写作"jabot collar"。

保罗领
polo collar

一种半开襟小翻领，开襟处用2～3颗纽扣固定。一般保罗衫（p41）都会使用该领型。

弄蝶领
skipper collar

该领型可以细分为两种：一种是不带纽扣的保罗领，或者带有领子的V字领（p10）；另一种是看起来如同叠穿的拼接领针织衫。

V形翻领
johnny collar

在较短的V形领口上添加了翻领，领子部分一般为针织材质。johnny collar也是青果领（p23）的别称，还可以指小立领，有时也表示棒球夹克（p84）等服装上的月牙形领子。

镶边领
framed collar

周围有镶边的领子的统称。其英文名还写作"trimming collar"。

斜角领
miter collar

一种拼接领，常用在条纹衬衫中，也可见于部分条纹与纯色拼接衬衫中。最初，这种领型一般多为延伸至领尖的斜纹拼接，但现在图示中的条状拼接设计成为主流。

垂耳领
dog-ear collar

系上纽扣，即为立领；打开纽扣，领子像垂下来的狗耳朵一样的领型。纽扣系上时有很好的防风保暖效果，常见于男式夹克衫。

清教徒领
Puritan collar

使用于清教徒所穿着的服装中的大圆宽领。该领型非常宽，纵向可至双肩，是一种平翻领，一般由纯白色布料制成，给人以素净、清秀之感。

贵格会领
Quaker collar

贵格会教徒穿着的平翻领被称为"贵格会领"。贵格会领与清教徒领十分相似，领尖呈锐角，正面看像两个倒三角形。

小丑领
pierrot collar

一种常见于小丑表演服中的领型。领子上的褶边一般会围成立领状或环状。

荷叶边领
ruffled collar

一种带有褶边的领型。ruffled 即褶皱饰边之意，通过将布料收缩或做成褶裥制成。

拉夫领（飞边）
ruff

一种环形褶皱领。十六至十七世纪流行于欧洲贵族间。早期的拉夫领是服装中一种可拆卸的配件，便于清洗、更换，以保持领口的整洁。

伊丽莎白圈
Elizabethan collar

一种环绕在脖子周围的扇形装饰领，起源于英国伊丽莎白时代。也叫扇形领。

箱领
box collar

一种从肩膀垂至胸部的领子，因形似方盒而得名。

罗马领
Roman collar

一种比较宽大的领子，用于教职人员日常服饰中，领子开口在后方。牧师领（p19）中白色布带部分也叫罗马领。

围兜领
bib collar

指领子前侧下垂，看起来像围兜一样。也指带领子的围兜（bib with collar）。bib即围嘴、围兜之意。

垂班得领
falling band

一种流行于十七世纪的大翻领，大多带有蕾丝镶边。

枪手领
mousquetaire collar

指枪手穿着的一种宽大的平翻领。mousquetaire在法语中为枪手、骑士之意。这种领型和垂班得领十分相似，但在现代女式衬衫中，一般会把领尖做得较为圆润。

披肩领
bertha collar

一种没有前开口，两侧可至左右上臂的宽大领子。因形似流行于十七世纪的花边领饰（bertha）而得名。外观有点像披肩，但没有前开口，一般搭配晚礼服使用。

斗篷领
cape collar

一种形似斗篷，可披在肩上的领子。

背面

披巾领
fichu collar

该领型十分宽大，后方呈三角形，看起来如同是在前面打结的三角巾。fichu在法语中有系在胸前的三角围巾之意。

翻领
roll collar

一种外翻的领型，看起来如同围在脖子上一样。因线条比较柔和，有时也特指没有领嘴（仅限 V 字形开口）的领子。领围较大的翻领常用于婚纱礼服设计中。

无领
no collar

所有不带领子的领型的统称，也指这种衣服本身。

三角领
triangle collar

领子呈三角形的领型。

青果领
shawl collar

一种领面形似带状披肩的领型。该领型的特点是翻领的曲线较为柔和，常用于男式晚礼服。该领型的夹克衫或针织衫可以让人显得更加儒雅。

半正式礼服领
tuxedo collar

一种用于男式无尾晚礼服的领型，可以看作长款青果领。该领子没有领嘴，线条柔和，在日本还被称作"丝瓜领"。

缺角青果领
notched shawl collar

即中间有领嘴的青果领。

平驳领
notched lapel collar

最常见、最实用的上衣领型。其领子的上半片和下半片呈 V 形夹角，上下领连接处为直线，下领的领尖朝下。

戗驳领
peaked lapel collar

该领型的特点是下领较宽且下领领尖呈锐角朝上，peak 即尖头之意。下领领尖朝下时即为平驳领。

V 形青果领
peaked shawl collar

即加入了戗驳领（p23）上下领接口的缝线做装饰的青果领（p23）。

苜蓿叶领
clover leaf collar

上下领的领尖为圆形的平驳领（p23）。因形似苜蓿草的叶子而得名。

双排扣西装领
reefer collar

双排扣的戗驳领（p23）。常用于双排扣厚毛夹克或双排扣厚毛短大衣（p86）。

T 形翻领
T shaped lapel

上领比下领宽的领型，因上下领接口处呈 T 形而得名。

L 形翻领
L shaped lapel

下领比上领宽，因上下领接口处呈 L 形而得名。

阿尔斯特领
Ulster collar

特指用于阿尔斯特大衣（p89）的领型。该领型十分宽大，上下领同宽，领子边缘有压线。

鱼嘴领
fish mouth lapel

指上领领尖呈圆形的戗驳领（p23），因串口（p140）看起来像鱼嘴而得名。

蒙哥马利领
Montgomery collar

即加大版戗驳领（p23）。名称源于第二次世界大战英国军事家蒙哥马利（Montgomery）。

拿破仑领
Napoleon collar

该领型最大的特点就是竖立的上领和宽大的下领。因常被拿破仑（Napoleon Bonaparte）及当时的军人穿着而得名。也可见于现代的大衣。

波形领
cascading collar

一种从颈部一直垂至胸部且有波浪形褶皱的领型。该领型因形似蜿蜒的流水而得名。cascade 意为连绵的小瀑布。

前翻领
stand out collar

上领为立领，下领向外侧翻折的领型。

丹奇领
donkey collar

一种较为宽大的罗纹针织领，领尖部分一般会用纽扣固定。

十字围巾领
cross muffler collar

即下端呈十字交叉状的青果领（p23）。多见于带领的针织衫或毛衣。

棒球领
baseball collar

用于棒球夹克（p84）或棒球制服中的领子。

肩、袖子

圆袖
set-in sleeve

指在臂根围处与大身衣片缝合连接的袖型。圆袖是最基本的肩袖造型。男式上衣一般都是圆袖设计。

衬衫袖
shirt sleeve

一种常用于衬衫、工作服的袖型。袖山(衣袖上部的山状部分)比圆袖的弧度小,可以使手臂活动更加自如。衬衫袖经常被用在运动服中。

和服袖
kimono sleeve

指肩与袖没有切缝、连为一体的袖型,也叫平袖。这是西方在形容中国旗袍和日本和服等东方服饰时使用的特殊用语,实际上与日本和服的袖子并不一样。

插肩袖
raglan sleeve

指肩与袖连为一体,从领口至袖底缝有一条拼接线的袖型。该袖型可以让肩膀与手臂的活动更加自如,所以经常被用在运动服中。

半插肩袖
semi-raglan sleeve

与插肩袖一样,该袖型也有一条由上至袖底缝的拼接线,但其拼接线起始于肩膀,而非领口。

前圆后连袖
split raglan sleeve

一种后侧设计为插肩袖,前侧设计为圆袖的袖型。

马鞍袖
saddle shoulder sleeve

插肩袖的一种。肩部水平,比插肩袖看起来更有棱角,因形似马鞍(saddle)而得名。

肩带袖
epaulet sleeve

袖子的肩膀部分有形似肩祥(p140)的拼接部分的袖型。

育克式连肩袖
yoke sleeve

指育克与袖子连为一体的袖型设计。育克又称过肩，指上衣肩部上的双层或单层布料。

楔形袖
wedge sleeve

一种肩线凹向内侧的袖型。wedge 即楔子、三角木之意。

深袖
deep sleeve

指袖笼十分宽大的袖型。

落肩袖
dropped shoulder sleeve

所有肩线的位置均低于肩部的袖型的统称。

离袖
detached sleeve

一种可以穿脱甚至可以从衣服上分离下来的袖子。该袖型可以为服装增加设计感，还可以通过穿脱起到一定的保暖或散热作用。有的离袖外观上和一字领很像，但因袖子可以穿脱，所以搭配上更加多样。

敞肩
open shoulder

肩部的布料被裁去、露出肩膀的袖型的统称。裁切部位样式繁多，没有固定的形状。该袖型可以让肩部线条看起来更加漂亮。

泡泡袖
puff sleeve

指在袖山处抽碎褶而蓬起呈泡泡状的袖型。袖子一般较短。在现代，这是一种赋予女性娇美、华贵气质的袖型，常用于女式衬衣和连衣裙的设计。但在文艺复兴时期，该袖型在欧洲男性中也曾风靡一时，现代可见于弗拉明戈歌舞和歌剧男式演出服中。puff 即膨起之意。

翻边袖
cuffed sleeve

所有在袖口处加卷边设计的袖型的统称。

阔口袖
flared sleeve

一种袖管宽松的袖型。

披风袖
cape sleeve

袖型十分宽大，因形似披风而得名。

灯笼袖
lantern sleeve

指肩部膨起，袖口收紧，袖管整体呈灯笼状的袖子，是泡泡袖（p27）的一种。lantern即灯笼之意。

考尔袖
cowl sleeve

一种带有多层褶皱的袖型。

环带袖
band sleeve

指袖口缝有带状布条的袖子。

盖肩袖
cap sleeve

一种只能盖住肩头的短袖。因像圆圆的帽檐而得名。

臂环袖
armlet

一种非常短的筒状袖子。armlet意为臂环、臂圈。

连袖
french sleeve

袖子和大身由同一片
布裁成，衣袖与大身
间没有接缝。这种款
式的袖子一般较短。

花瓣袖
petal sleeve

指袖片交叠如同花瓣
的袖型，如郁金香花
瓣袖。

天使袖
angel sleeve

一种袖摆宽大的袖
型。有时翼状袖也会
被归为这种袖型。

翼状袖
winged sleeve

一种袖口宽大且袖筒
宽阔的袖型，因形似
鸟儿的翅膀而得名。
有时天使袖也会被归
为这种袖型。

蛋糕袖
tiered sleeve

一种由多层花边或褶
皱拼接而成的袖型。

气球袖
balloon sleeve

一种如同气球般膨起
的袖子。与泡泡袖
（p27）十分相似，
一般比泡泡袖长。

蓬蓬袖
bouffant sleeve

一般指比气球袖更长
更宽松的袖子。该袖
型的特点是从肩头开
始，整个袖子都非常
宽松、膨大。

手帕袖
handkerchief sleeve

一种大喇叭袖，像手
帕般柔软地包裹着肩
膀。该袖型所使用的
布料一般比较轻薄，
多层的设计看起来很
像蛋糕袖。随着手臂
的活动，衣袖翩翩，
能够带给人优雅、高
贵之感。

德尔曼袖
dolman sleeve

一种袖笼宽大且向袖口逐渐变窄的袖型。该袖型最初借鉴了土耳其长袍——德尔曼长袍的披肩，并由此得名。经常被用在女式针织衫中，并且运动功能性极佳，穿着时宽松飘逸，让人对穿着者的身材曲线充满想象。最近常被用在外套或夹克等的设计中。

蝴蝶袖
butterfly sleeve

一种袖口狭窄、腋部肥大的袖子，因形似蝴蝶或蝙蝠的翅膀而得名。

袋状袖
bag sleeve

袖子肘部位置尤其宽大，袖型看起来像袋子一样。

斗篷袖
poncho sleeve

一种肩部固定而袖底敞开的袖型，因形似雨衣、斗篷而得名。有时也叫作"披风袖"。

主教袖
bishop sleeve

源自主教所穿的教服，带有袖口，袖口处做褶裥处理。与之相似的还有村姑袖。

村姑袖
peasant sleeve

一种源自欧洲传统农民服饰的落肩袖，是一种长款的泡泡袖（p27）。peasant 即农夫之意。与之相似的还有主教袖。

钟形袖
bell sleeve

指袖口宽大且形状如钟的袖型。该袖型可以使手腕看起来更加纤细，让人自然地认为穿着者的手臂很细，间接起到修饰身材的作用。与之相类似的还有喇叭袖（p31）。

喇叭袖
trumpet sleeve

一种袖口宽松且形似喇叭的袖型。与钟形袖（p30）十分相似。

宝塔袖
pagoda sleeve

一种上部细窄，肘部以下逐渐变宽的袖型，多为三层褶，因形似宝塔而得名。与钟形袖（p30）十分相似。

伞形袖
umbrella sleeve

一种从肩部向袖口逐渐变宽，形似雨伞的袖型。

尖袖
pointed sleeve

一种向下延伸至手背且顶端呈三角形的袖型。该袖型多被用于婚纱设计中。

朱丽叶袖
Juliet sleeve

该袖型源自《罗密欧与朱丽叶》（Romeo and Juliet）中朱丽叶所穿的服装，就像是在泡泡袖（p27）下面添加了一截长袖。

羊腿袖
leg-of-mutton sleeve

一种肩部蓬松，手腕处收紧，形似羊腿的袖子。欧洲中世纪通过在肩膀处放入填充物使袖子的肩部膨起，后来则通过在肩部做出褶皱打造出膨胀的效果。该袖型有段时期常用于婚纱设计中，现在多出现于女仆装等角色扮演类服装中。一些上部是泡泡袖并向下收紧的袖子也能呈现出与该袖型同样的效果。

鸡腿袖
chicken-leg sleeve

这种袖子肩部蓬松，向手腕部逐渐收紧，因形似鸡腿而得名。

大袖笼紧口袖
elephant sleeve

同样是肩部蓬松,向手腕处逐渐收紧的袖子,形似象鼻,是羊腿袖(p31)的一种。特指袖笼处的膨起比较大的袖子,该袖型在十九世纪九十年代中期尤为流行。

开衩式长袖
slashed sleeve

指在袖口处有开衩的袖子。slash 即切开、劈开之意。

臂缝
arm slit

指袖子上的开缝,或为方便手臂收放在大身上加入的开缝。臂缝多为设计层面的添加,有时也单纯只是为让手臂活动更加自如。

悬垂袖
hanging sleeve

一种从肩部垂下,不经过手臂的装饰性袖型。

层列袖
tiered sleeve

一种多层褶皱连续膨起的袖型。

枪手袖
mousquetaire sleeve

指从袖山到手腕,整个袖子加入纵向拼接并做了细褶处理的袖型。与手臂十分贴合,是一种长袖,源自火枪手的服装。mousquetaire 在法语中为枪手、骑士之意。

美式袖
American sleeve

即削肩立领(P14),从领子与大身的接缝处裁至腋下所形成的开口即为袖子部分。

左

内搭：褶边立领（p19）
外套：MA-1 飞行夹克（p83）/棒球领（p25）
裙子：直筒裙（p52）/动物纹（豹纹，p161）
鞋子：木底凉鞋（p103）

 右

内搭：蝴蝶结（p20）
外套：箱式直筒大衣（p85）
裤子：牛津布袋裤（p63）
鞋子：松糕底（鞋）（p110）

插图：CHIAKI

袖头、袖口

直筒袖口
straight cuffs

所有直筒状袖子的袖口的统称。

开放式袖口
open cuffs

指袖头带有开衩、可以敞开的袖口，也叫开衩袖。

拉链袖口
zipped cuffs

指通过拉链开合的袖口。

开衩式西服袖口
removable cuffs

一种可以通过纽扣等来进行开合的袖口。该设计便于将袖子卷起来，是医生经常穿着的袖型，因此也叫医生袖口。

单式袖口
single cuffs

指外接式裁片，没有翻折，以纽扣开合的袖口。这是衬衫袖口的常用设计，中规中矩，不管是商务场合还是日常休闲都很适合。这种袖口较为宽大，因内侧有挂浆所以较硬挺，最正式的穿法是将纽扣扣住。

折边袖口
turn-up cuffs

通过将袖头向外翻折形成的袖口。双层袖口（p36）也是折边袖口的一种。也可指折边裤脚。

宽折边袖口
turn-off cuffs

指翻折后的袖头比较宽大的袖口，是折边袖口的一种。

双层折边袖口
double turn-up cuffs

指较长的单式袖口
（p34）向外折边后
形成的袖口。

双层宽折边袖口
double turn-off cuffs

较长且袖头宽大的单
式袖口向外折边后形
成的袖口，翻折后的
袖头不与手臂贴合。

外接式折边袖口
rolled cuffs

折边袖口（p34）的
一种，袖口部分单独
裁剪，后与袖体连接
并向外翻折而形成的
一种袖口。

铁手套袖口
gauntlet cuffs

一种从手腕至肘部逐
渐变宽的长袖口，源
自中世纪武士的金属
手套。gauntlet 即臂
铠、铁手套之意。

骑士袖口
cavalier cuffs

一种将较为宽大的袖
头折边后形成的袖
口，源自十七世纪的
骑士（cavalier）曾
经穿着的服装，一般
多为装饰性袖口。

大衣翻袖
coat cuffs

所有大衣常用袖口的
统称。这类袖口一般
比较宽大，常用设计
有外接式和折边式
等。

皮草袖口
fur cuffs

指带有皮草的袖口，
多被用在大衣的设计
中。fur 即动物皮毛
之意。

翼形袖口
winged cuffs

一种折边形似鸟儿翅
膀的袖口。因外缘开
口处有尖角凸起，所
以也叫尖角形袖口
（pointed cuffs）。

可调节袖口
adjustable cuffs

指可以调节大小尺寸的单式袖口，多见于成品的白衬衫。袖口大小一般通过纽扣（多为2颗）来进行调节。

双层袖口
double cuffs

衬衫袖口的一种。将翻折成两层的袖口用装饰性袖扣固定，也叫法式翻边袖口（French cuff）或系扣袖口（link cuff）。重叠的袖口用别致的袖扣点缀，无论是正式场合还是商务场合都能展现穿着者的独特风采。可以打造华丽、隆重、有立体感的装扮。袖口的上下两层均设有扣眼。

圆角袖口
round cuffs

指外缘边角被裁剪成圆形的袖口。该设计可以保护袖口不被剐蹭，更方便衣服的打理。

裁角袖口
cutaway cuffs

指外缘边角被裁剪成斜角的袖口。

延伸袖口
extension cuffs

通过将袖尖延长而形成，多为喇叭形开口。

荷叶边袖口
ruffle cuffs

所有带有褶边装饰的袖口的统称。

拉夫袖口
ruff cuffs

指带有环形褶皱装饰的袖口。一般与十七世纪流行于欧洲贵族间的拉夫领（p21）同时使用。

花瓣袖口
petal cuffs

指像花瓣一样的袖口。该设计可以通过直接在袖口上裁剪实现，也可以通过将数片花瓣形状的布拼接在袖口上实现。

喇叭形袖口
circular cuffs

指被裁剪成圆形的袖口。该袖口设计所使用的布料一般比较柔软，多呈喇叭形。如果袖体比较贴身纤细，袖口更显宽大，能更好地展现女性独有的柔美气质。

褶边袖饰
engageante

一种流行于十七至十八世纪的华丽袖饰，曾被用于女性带袖裙装（五分袖）的袖口，多由轻薄的蕾丝或多层波浪褶边制作而成。

袖饰
wrist fall

一种由柔软布料制作而成的褶边袖口装饰，形似垂坠的瀑布。

绲边小袖口
piping cuffs

加入了绲边（p141）设计的袖口的统称。piping 即绲边之意。

条状袖口
band cuffs

呈条状的袖口。袖口一般会做缩褶处理。

系带袖口
ribbon cuffs

指可以通过绳带来调节大小的袖口。

纽扣袖口
buttoned cuffs

由直线排列的数颗装饰性纽扣固定的袖口。该袖口常用于女式衬衣设计中，令穿着者看起来更优雅。

长袖口
long cuffs

即较长的袖口，可以使穿着者的手腕看起来更加纤细。

深袖口
deep cuffs

一种纵向非常长的袖口，袖口长度是普通袖口的两倍。

合体袖口
fitted cuffs

指与手腕和手臂紧密贴合的袖口。

罗纹袖口
knitted cuffs

指用罗纹针（p165）制作的袖口。这种袖口具有伸缩性，可以将袖口收紧，有很好的防寒效果，常用于防寒夹克服的设计中。

横褶袖口
tucked cuffs

一种由重叠的横向褶皱组成的细筒状袖口。

钟形袖口
bell shape cuffs

一种十分宽大的袖口，因形似吊钟而得名。

垂式袖口
dropped cuffs

所有宽大且袖尖下垂的袖口的统称。

流苏袖口
fringe cuffs

指带有流苏（p143）装饰的袖口。

束带袖口
strapped cuffs

为调节袖宽或增加装饰性，添加了扣带或绳子的袖口。

绳饰袖口
corded cuffs

所有添加了装饰性绳、带的袖口的统称。加绳饰的方式多种多样，可以直接缝制在袖口上，也可以通过绲边（p141）的方式添加。

嵌芯丝带袖口
gimp cuffs

绳饰袖口的一种，将铁丝套上装饰线后制成饰物装饰在袖口，多见于仪仗队军服。关于这种袖口的起源，目前有两种说法：一是为防御刀剑，军人曾在手腕上缠绕铁线；二是为了能在恶劣天气下将身体固定于船身，所以将细绳缠绕在手腕上，以便随时使用。

松紧袖口
wind cuffs

一种带有皮筋，因而具有伸缩性的袖口。该设计可以防止冷风侵入袖筒，多见于户外运动服装。

扣带袖口
tabbed cuffs

指添加了扣带形装饰物的袖口。

迷你袖口
petit cuffs

超短袖稍做折边处理形成的小袖口。petit 即可爱、小巧之意。

吻扣
kiss buttons

将纽扣不留间隙地重叠缝制的钉扣形式。多见于西装或夹克衫，可以凸显高级制衣技术。

紧身胸衣
bustier

原本指无肩带文胸和束身衣（p50）一体的女式内衣，现在多指外形类似的外穿或内搭上衣。这样的设计不仅可以修饰胸部线条，还可以让穿着者的腰看起来更加纤细，使上半身的曲线更完美。加入了这种独特内衣元素的外衣，可以让穿着者更加性感，富有女人味。紧身胸衣与吊带衫的界限逐渐模糊。

吊带衫
camisole

指通过细绳悬挂于肩膀的露肩上衣。上身的线条接近水平，做内搭时一般会有蕾丝等饰边。英文名称来源于西班牙语 camisa（即拉丁语中的 camisia，意为亚麻内衣）。像吊带裙那样从脖颈周围垂挂下来的衣服，都可以用该词表达。

背心
tank top

领窝较深的露肩无袖上衣。肩带部分有一定的宽度，与大身是一片式裁剪。

抹胸背心
bare top

可以看作是去掉肩带的吊带衫，对肩部、胸部和背部的肌肤有很好的展示效果，常被用于抹胸裙的设计中。多用弹性较好的布料制作，与抹胸基本相同。

抹胸
tube top

一种筒状上衣，一般用针织布料制作。外形与抹胸背心几乎一样，但抹胸更多时候被用于内搭。

露脐装
crop top

指长度在腰部以上的短上衣。与露腰上衣（p41）基本相同。crop 即剪短、裁去之意。

露腰上衣
midriff tops

指衣长在胸部以下、腰部以上的短上衣。与露脐装（p40）基本相同。midriff 原本的含义是横膈膜，但在服装业中，则是指这种可以露出腰线的衣服。

T 恤衫
T-shirt

指展开时呈 T 形的无领套头针织上衣。T 恤衫最初是一种男性用的内衣，但现在无论男女都能穿，而且价格低廉。

保罗衫
polo shirt

一种带领的套头衫，领子一般用 2～3 颗纽扣固定，短袖衫、长袖衫都有。

敞领衫
skipper

原本是指设计成如同带领毛衣和 V 领毛衣叠穿的拼接领毛衣，现在则多指无扣保罗衫或带领的 V 字领针织衫。这种敞领衫的领子叫作"弄蝶领（p20）"。

医用短袖衫
scrub suit

一种医疗工作者穿着的 V 领短袖上衣，颜色多样。不过为防止白色造成的眩光，手术服一般会选择与红色互补的蓝色或绿色。scrub 意为刷洗。

裙摆上衣
peplum tops

一种下摆宽大的上衣，在腰部拼接荷叶边或褶边装饰，使腰部更显纤细。peplum 是一种用于腰部的褶边装饰，不仅可以用于上衣，还可以用于裙子、短裤，甚至夹克外套等。此种设计让人对被裙摆遮住的腰部线条充满遐想，也会让穿着者更具女人味。peplum 一词源于古希腊语中的 peplos，原意为外衣、外套。

裙摆衬衫
peplum blouse

一种下摆宽大的女式衬衫，在腰部拼接荷叶边或褶边装饰，可以使腰部显得更纤细。

罩衫
smock blouse

一种衣身带褶皱的宽松女式上衣，仿照画家的工作服和童装的外形设计而成。

左右开襟外套
cache coeur

这种叫法原本指的是仅能遮住胸部的短上衣，现在多是指犹如包裹在身上的搭襟女式上衣。胸前的设计看起来与和服很像，敞口处多用绳子、丝带、纽扣、别针等固定。英文名称中的cache 意为隐藏，coeur 意为心脏，cache coeur 直译是隐藏胸部的意思。这种设计最初被用于练习芭蕾舞时穿着的紧身衣，二十世纪八十年代后期开始广泛流行，并逐渐被用于针织衫和女式衬衫设计中。

饰带上衣
sash blouse

一种在腰间系有饰带的女式上衣，左右双襟对裹后固定，也有一些通过饰带进行固定，或直接用双襟的下摆做腰带固定。

卡米萨
camisa

一种带有刺绣装饰的女式套头衫，肩膀处有褶皱饰边，袖子宽大，是菲律宾传统服装之一。其主要特点是钟形袖（p30）、无领、有刺绣装饰。camisa 在西班牙语中是男式衬衫的意思，也特指中美洲和南美洲地区的衬衫。最初的卡米萨是用香蕉或菠萝的纤维织成的半透明布料制作而成，夸张的高肩（p142）宛如一对翅膀。

可巴雅
kebaya

东南亚地区的女式传统服装。在领口、袖口、下摆周围绣有蕾丝、刺绣等，多用棉质、丝绸等半透明布料制作而成。穿着可巴雅时，下半身一般会缠上爪哇蜡染布。

露脐短袖衫
choli blouse

印度妇女穿着的一种露脐短上衣，一般搭配莎丽穿着，所以又叫莎丽衫。

女骑手服
habit shirt

十八世纪，女性骑马时穿着的一种女式衬衫，多为白色，前襟一般有蕾丝花边或荷叶边装饰。所有骑手服的统称写作"riding habit"。

维多利亚女衫
Victorian blouse

一种流行于英国维多利亚女王（1837—1901）时期，装饰性很强的女式上衣。

村姑衫
peasant blouse

一种以欧洲的农民服装为原型的上衣，袖口和领口处有宽松的褶皱。peasant 为农民之意。

海盗衫
pirate blouse

一种以海盗服为原型设计的上衣，带有荷叶边等装饰。

巴尔干衬衫
Balkan blouse

一种领口和袖口做了捏褶处理的宽松上衣，衣长一般较长。据说是因曾经在巴尔干战争时期流行而得名。

骑士衫
cavalier blouse

一种以十七世纪骑士服装为原型设计的上衣。特点是在脖颈周围、胸前、袖口处有蕾丝花边或荷叶边装饰。

骑兵衬衣
cavalry shirt

一种以美国西部开发时的骑兵穿着的衣服为原型设计的套头式衬衫。最大的特征是前门襟添加有护胸布，据说在恶劣环境中可以保护胸部不受伤害。

美容衫
barber smock

一种在理发店穿着的工作服。一般领口、衣襟、口袋、袖口外缘会有绲边（p141）。除此之外，一些以美容院使用的罩衫为原型设计的女式衬衣，也叫作"美容衫"。

白衬衫
white shirt

指有底领并带袖头的白色（或其他浅色）衬衫，主要用作西装打底。

常春藤衬衫
Ivy shirt

特指常春藤学院风（Ivy style）中的衬衫，一般用纯色布料、方格纹布料（p148）、马德拉斯格子布料（p149）制作。纽扣领（p15）和背部的中心箱褶（p142）也是常春藤衬衫的两大特征。常春藤学院风起源于 1954 年由美国八所顶尖学府组成的体育赛事联盟——常春藤联盟，当时大学生的主流打扮就被称为 "Ivy style"。还有一种说法是，因大片覆盖于教学楼上的常春藤（ivy）而得名。

长衬衫
over shirt

所有比较宽松的衬衫的统称。这类衬衫一般长度较长，袖笼较低。over shirt 还可表示宽松的衬衫穿着方式。

牧师衬衫
cleric shirt

指领子和袖口部分为白色（或素色），其他部分为条纹或彩色布料的衬衫。这种衬衫因与牧师穿着的白色立领教服相似而得名，流行于二十世纪二十年代，是当时英国绅士穿着的经典款衬衫。cleric 即牧师、僧侣之意。制作衬衫的布料虽然带有花纹，但仍可作为正式的衬衫来穿着，同时，在休闲场合下穿着该款衬衫也不会让人觉得突兀。

西部衬衫
western shirt

指美国西部牛仔的工作服，或以此为原型设计的衬衫。其特征是在肩膀、胸部、背部有曲线形牛仔式育克（western yoke），使用按扣，胸前有盖式口袋（p141）。电影中的演员或音乐家、舞蹈家等穿着的西部衬衫，会在肩膀、胸部、背部和边角位置加一些细碎的装饰或流苏（p143）等，看起来稍显夸张。这类衬衫多由青年布、牛仔布、粗棉布（p165）等结实的布料制成。

法兰绒衬衫
flannel shirt

通常指用磨毛的纯棉布料制作的衬衫，大多为格子花纹。传统意义上的法兰绒起源于英国威尔士，是一种用粗梳（棉）毛纱织制的柔软而有绒面的（棉）毛织物。

伐木工衬衫
lumberjack shirt

一种由较厚的羊毛材质制作，胸前附有两个口袋的大格子衬衫。lumberjack即伐木工之意。也叫加拿大衬衫（Canadian shirt）。

夏威夷衫
Aloha shirt

一种原产于夏威夷、色彩鲜艳的花纹衬衫。开领（p17），下摆一般为方口，热带风情配色。除了办公和日常穿着外，有些花纹的夏威夷衫还可作为男式正装。关于夏威夷衫的起源，一种说法是来自日本的移民用夏威夷农夫所穿的衣服改做而成，还有一种说法是日本移民给孩子制作的带有和服图案的衬衫是夏威夷衫的雏形。此外，还有来源于美国人在夏威夷服装店用日式浴衣布料定做的衬衫等说法。

嘉利吉衬衫
kariyushi shirt

日本冲绳县的夏季衬衫，模仿夏威夷衫制作而成，同样是开领，左胸有口袋，半袖。kariyushi在日本方言里是可喜可贺、吉祥如意之意。

狩猎衫
safari shirt

一种模仿在非洲狩猎和旅行时穿着的狩猎夹克制作的衬衫。胸口和腰间缝有补丁口袋，两肩缝有肩袢（p140）。束带和口袋等比普通衣服多，更具功能性。

保龄球衫
bowling shirt

指在打保龄球时穿着的运动衬衫，或者以该设计为主的衬衫。开领（p17）和色彩反差强烈的配色是其特征，有时还会用刺绣或徽章等做装饰。在摇滚乐流行的二十世纪五十年代，飞机头搭配保龄球衫是最时髦的装扮，保龄球衫也因此成为美式休闲时尚的代表性单品。

瓜亚贝拉衬衫
guayabera shirt

以古巴甘蔗田工作人员的工作服为原型制成的衬衫。小翻领，有四个贴兜，前身左右两侧各有一条褶皱或刺绣绣成的装饰性纵线。别名古巴衬衫、瓜亚贝拉。

橄榄球衫
rugby shirt

指橄榄球运动员所穿的运动服，或者模仿其设计的一种形似保罗衫的上衣，多为宽条纹，领子一般为白色。为了应对激烈的比赛，真正在橄榄球比赛中使用的橄榄球衫会更加注重防护性和耐磨性，纽扣由橡胶制成，领子的缝合线等处会做加固处理，还会加护肘垫，选用更结实的棉布等。也被称为"橄榄球运动衫"。

牧人衬衫
gaucho shirt

一种带领的套头式针织衫或布制上衣，流行于二十世纪三十年代，以南美牧童所穿的衣服为原型设计而成。

条纹海军衫
basque shirt

一种厚实的纯棉 T 恤，主要特点有船形领（p9）、条形花纹、九分袖。关于海军衫的来源，目前最可信的说法是：最初是西班牙巴斯克地区的渔夫的工作服，因被毕加索（Picasso）等名人穿着而逐渐为人们所熟知，后被法国海军采用为制服。白底、藏青色条纹是海军衫最主流的设计，法国 ORCIVAL 是条纹衫中最为经典的品牌。

古尔达衬衫
kurta shirt

巴基斯坦、印度等地的传统男性服饰，或是以其为原型设计的套头式长衬衣。长袖，小立领或无领，一般比较宽大。

俄式衬衫
rubashka

一种宽大的套头式衬衣，俄罗斯传统民族服装。领口和袖口绣有俄罗斯民族特色刺绣，立领，领子开襟用纽扣固定，有装饰性系绳腰带。

连帽衫
hoody

带有帽兜的上衣，也叫连帽卫衣。

军用毛衣
army sweater

一种用于军队的套头式毛衣，非常结实，在肩部和肘部还另用补丁加固。也称突击队毛衣（commando sweater）、格斗毛衣（combat sweater）等。

渔夫套头衫
fisherman's sweater

北欧、爱尔兰、苏格兰等地的渔夫在工作时穿着的厚毛衣。最主要的特征是以打鱼时用的绳索和渔网为设计理念编织的绳状花纹。这种毛衣多为单色，绳状交叉式的编织手法使毛衣更加立体，因此可以更好地包裹空气，达到高性能的防寒、防水效果。毛衣复杂的花纹还有利于发生事故时甄别渔夫的身份。渔夫式套头衫在阿伦群岛又称作"阿伦毛衣"，根西岛原产的根西毛衣也很有名。

谢德兰毛衣
Shetland sweater

以苏格兰东北部谢德兰群岛原产的羊毛（谢德兰羊毛）制作的毛衣或模仿其制作的毛衣。谢德兰羊毛取自谢德兰羊，羊群生活环境特殊——严寒、湿度高，且饲料中添加了海藻，所以产出的羊毛具有很独特的肌肤触感和较好的保湿性。纯种的谢德兰羊所出产的羊毛十分稀有，即使是同一品种的羊，羊毛的颜色也不完全相同。共可分为白色、红色、灰褐色、浅褐色、褐色等十一种颜色。

震颤派毛衣
Shaker sweater

一种用粗针宙编、设计简单的毛衣。它起源于震颤教派，他们崇尚简约、质朴的生活方式，教徒们手工编织的毛衣即为此类毛衣的雏形。

宽松针织衫
bulky knit

所有用线较粗、网眼疏松的针织衫的统称。此类针织衫一般比较厚实，渔夫套头衫就是其中的一种。bulky 即体积庞大之意。

网球毛衣
Tilden sweater

指 V 形领口、领口、袖口和下摆处有一条或多条宽条纹的毛衣。此款毛衣一般为麻花针编织，原本比较厚实，但为了使活动更加自如并拓宽可穿着的季节，现在的网球毛衣一般都比较薄。网球毛衣兼具复古与运动元素，时下流行的大 V 领设计也让这款历史悠久的经典毛衣有了更多可能性。不过，此款设计也容易让人显得孩子气。网球毛衣还可叫作"板球毛衣""网球针织衫""板球针织衫"等。

网球开衫
Tilden cardigan

指 V 形领口、领口、袖口和下摆处有一条或多条宽条纹的开襟针织衫。原本比较厚实，但为了使活动更加自如并拓宽可穿着的季节，现在的网球开衫一般都比较薄。因美国著名网球运动员威廉·蒂尔登（William T. Tilden）经常穿着而得名。其他有类似宽条纹特征的针织背心、毛衣等，也可叫作"网球衫"，同类设计也经常用于学校制服等。网球开衫也同样容易让人显得孩子气。

凯伊琴厚毛衣
Cowichan sweater

一种来自加拿大温哥华凯伊琴部落的传统毛衣。其特征有青果领（p23），以动物、大自然为主题的花纹或几何图案等。正宗的凯伊琴毛衣具有良好的防寒、防水性能，由脱脂羊毛线和美国红杉的树皮纤维编织而成，但现在市售的此类毛衣基本不含脱脂羊毛。加拿大对凯伊琴毛衣的认证标准是有天然的色泽，手工纺织的粗羊毛毛线，有鹰、杉树等传统图案以及简洁的平纹编织（p164）。

开襟毛衣
cardigan

所有毛线编织的对开襟上衣的统称，一般使用纽扣门襟。英文名 cardigan 源自其最初的设计者——英国的卡迪根伯爵七世詹姆斯·布鲁德内尔（James Brudenell）。

波列罗短上衣
bolero

一种衣长较短、前胸敞开或左右双襟不重叠的女式上衣。bolero 原意是指传统的西班牙舞——波列罗舞曲。斗牛士所穿着的外套就是典型的波列罗上衣。

内衣

一字文胸
balconette bra

指仅能覆盖胸部下半部分的半球状文胸，对胸部的提托效果明显，适合胸部较小的女性穿着。

低胸文胸
plunging bra

指两罩杯间的鸡心位较低的文胸，适合搭配低胸服饰穿着，对胸部有很好的展示效果。plunging 即低胸的、俯冲、突降之意。

半杯式文胸
demi-cup bra

指仅能覆盖二分之一胸部的文胸。英文名还写作 "half cup bra"。

无杯式文胸
shelf bra

指仅能覆盖四分之一胸部的文胸，只能保证乳房被微微托住。英文名还写作 "cupless bra" "open cup bra" "quart cup bra" 等。

无钢圈文胸
bralette

一种无钢圈的三角形文胸，对身体的束缚较小，穿着感舒适。此类文胸布料所占的面积较大，这部分一般会使用高品质的蕾丝等具有设计感的材质。

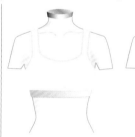

运动文胸
sports bra

一种在运动时穿着的文胸，可以防止胸部晃动。一般选用吸汗、速干的材质制作而成，颜色繁多，设计多样，但基本上都是背心或类似吊带衫的设计。肩带一般在背部交叉，以防止运动造成的文胸脱落或错位。

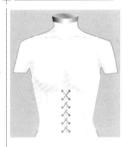

紧身衣
bustier

指文胸和束身衣(p50)一体的内衣。也可指外形与此相似的外穿上衣。

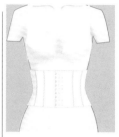

连衣睡裙
baby doll

指从胸部至下摆呈 A 字形的宽松睡裙、内衣、居家服。

连衫衬裤
teddy

指吊带衫和衬裤一体的内衣、睡衣、居家服。上部分多采用文胸的设计，十分性感。

束身衣
corset

一种矫形内衣，可以使腰部更显纤细，突出胸围、臀围，使身材更显完美。束身衣除日常穿着外，还可作为医疗用具保护腰部。corset 为法语，其英文写作 "stays"。

束腰
waist nipper

一种使腰部更显纤细的矫形内衣，相比胸围，更能突出臀围。与塑身衣相比，束腰更具弹性，一般用钩圈或拉链固定，穿脱更为方便。

衬裙
petticoat

一种穿在裙子内的底裙。衬裙不仅能防止走光，还可以将身体与裙装分开，使衣服更灵动，它的蓬松感也有修饰身体线条的作用。

衬裤
pettipants

一种穿在裙子里面的底裤，可防走光，并修饰身体线条，与衬裙的作用基本相同。多用不易产生静电的布料制作。

紧边衬裤（南瓜裤）
drawers

一种长度不过膝盖，裤口收紧的宽松衬裤。紧边衬裤最早起源于欧洲，十九世纪初，随着裙子的长度变短，人们为了防止腿部过多暴露而发明了这种裤子。当时，为了方便小解，在裆部留有开口。现在，这种衬裤是洛丽塔服饰的必备物品，穿着时会特意露出蕾丝边、荷叶边等具有装饰性的花边。

裙撑
panier

指穿在裙子或礼服里面的内搭底裙，可以使身材看起来更丰满，轮廓更美。在制作时，外层一般用化纤绢网打褶来增加蓬松感，与皮肤直接接触的底层部分则会选用触感良好的材质。裙撑可以作为婚纱等的内搭，一些具有装饰性的裙撑也会被用于洛丽塔服装或舞台表演服装中。

半圆式裙撑
bustle

一种穿在裙子里面的半圆形底裙，可以使腰部更显纤细，突出臀部，修饰身体线条，使身体轮廓看起来更加美观。最初的裙撑一般用鲸的骨头等来制作，后来逐渐开始用金属丝和藤条代替，可以作为婚纱等的内搭。bustle 意为喧闹。

灯笼衬裤
pantalettes

一种裤边带有褶边装饰的女用衬裤，长度一般在膝盖以下，有的可长至脚踝。这种衬裤主要流行于十九世纪早期至中期，用作半身裙和连衣裙的打底。

圈环衬裙
crinoline

一种能使裙子蓬松、鼓起的衬裙或支撑物，主要出现于十九世纪四十年代至六十年代。最初是用上浆处理的布混合马尾毛制作的裙子，将这种裙子多层叠穿，就可以达到蓬松的效果。后为了穿脱更加方便，逐渐改用鲸须、金属丝编织成的球状支撑物，更能突出腰身后侧线条。英文名 crinoline 源于拉丁语 crinis，意为毛发。

直筒裙
straight skirt

指从腰部开始自然垂落的筒状或管状裙子。

腰间荷叶边裙
peplum skirt

指在腰部添加了荷叶边或褶皱装饰的裙子。这类荷叶边装饰物也经常被用在上衣中，让人对被遮住的腰部曲线充满遐想，可以使腰部更显纤细。

纽扣半身裙
button down skirt

一种有开襟的裙子，从腰部到下摆全部用纽扣固定。

多片裙
paneled skirt

指为增加装饰性，在设计中加入其他布料或同种布料饰物的裙子。除了不同花纹、颜色和材质的布料，还可以做出透视效果，搭配多种多样。也可指通过拼接的形式制作的裙子。

塔裙
tiered skirt

指裙体以多层次的横向裁片抽褶相连，形如宝塔的裙子。塔裙的设计十分灵活，如在层节之间制造色差，下摆加荷叶边等。对身体线条有很强的修饰作用。

百褶裙
pleats skirt

指裙身由多条细密、垂直的皱褶构成的裙子。这种裙子延展性好，有立体感，便于活动。它兼具复古与休闲，也不失可爱与清纯，方便穿搭，经常作为学生制服使用。根据不同的打褶方式和打褶位置，可细分为工字褶裙、手风琴式褶裙、侧褶裙、后褶裙。

苏格兰短裙
kilt skirt

一种用苏格兰格纹布料（p148）做出褶皱的裹裙，用腰带或别针固定在身上。原本是苏格兰男性的传统民族服装。

育克裙
yoke skirt

指在臀部加入横向拼接的裙子。它的上部与腰臀紧贴，下部呈波浪形。

圆形喇叭裙
circular skirt

指下摆展开后几近圆形的裙子，制作时使用的布料较多。如果选用较为柔软的材质，做出来的裙子则会更具流动的线条美感，可用来制作舞蹈服装，既高贵优雅，又灵动可爱。

波浪裙
flared skirt

这种裙子的下摆形似喇叭，褶皱呈波浪状。独特的蓬松感能很好地展现女性的可爱魅力，但同样因为体积较大，搭配时要注意与上衣的平衡感。

开花裙
blooming skirt

波浪裙的一种，多用较为柔软的布料制作，线条优美，犹如盛开的花朵。在所有开花裙中，短裙和中长裙较常见，长裙不太常见。

拼块裙
gored skirt

指由数片梯形或三角形的布块拼接制成的裙子。拼块裙从上至下逐渐变宽，呈喇叭状。根据拼块的数量不同，叫法上也会略有差异，例如由四片布块拼接的裙子就称为"四片式拼块裙"。

内工字褶裙
inverted pleats skirt

一种褶峰朝向内侧的裙子，看起来就像是反穿的工字褶。这种裙褶叫作"内工字褶（inverted pleat）"。

伞形褶裙
umbrella skirt

裙子的外形如同撑开的雨伞一般，蓬松感强，体积较大，是一种拼块裙。也叫作"降落伞裙"。

荷叶裙
ruffled skirt

指加入了褶边、荷叶边装饰的裙子，也可叫作"褶边裙"。一般褶皱较大、线条飘逸的叫作"荷叶裙"，褶皱较小的叫作"褶边裙"。

紧身裙
tight skirt

指从腰部至下摆全部与身体紧密贴合的裙子，能完全将身体的曲线展示出来。

蹒跚裙
hobble skirt

从膝盖到下摆比较窄的裙子。该设计因使穿着者在行走时无法迈出很大的步伐而得名。蹒跚裙在二十世纪初十分流行。

法式袜裙
jupe-chaussettes

一种像短筒袜般合身的裙子。此款裙子多为长裙，一般是针织材质。jupe 和 chaussettes 在法语中分别是裙子和短筒袜之意。

锥形裙
tapered skirt

一种从腰部至下摆逐渐变窄的裙子。

陀螺形裙
pegtop skirt

裙子的上部蓬松，至下摆逐渐变窄。其膨起的位置比酒筒式裙要高。pegtop 即梨形或无花果形状的陀螺。

酒筒式裙
barrel skirt

裙子的腰部细，臀部膨起，至下摆逐渐变窄。它膨起的位置比陀螺形裙要低。barrel 即酒木桶、桶的意思。

双耳壶形裙
jupe amphore

裙子腰部收紧，向下逐渐膨起，至下摆处又变窄。因形似古希腊和古罗马用来盛放酒与油的食器——双耳壶（amphore）而得名。

茧形裙
cocoon skirt

一种通过添加褶皱，使腰部宽松膨起的裙子。这种宽松的设计不仅使行动更自如，还可以很好地掩盖身形，使腰部更显纤细，提升高雅感。

信封裙
envelope skirt

裹裙的一种，两侧前片交叉包裹腰部，下摆不重合，形成 Z 字形底边，因形似信封而得名。envelope 即信封之意。

泡泡裙
balloon skirt

一种在腰部和下摆处增添褶皱，使裙体像气球一样膨起的裙子。

高腰裙
high waist skirt

指腰线位置比普通裙子高的裙子。通过提高腰线可以达到改变身材比例、显瘦、显腿长的效果。

低腰裙
hip bone skirt

腰线较低的裙子的统称，穿着时如同挂在髂骨上一样。这类裙子一般长度较短，可以很好地展露腰线，十分性感。也叫挂臀裙（hip hanger skirt）。

裤裙
culotte skirt

指如短裤般分腿的裙子，也可以看作是有裙摆的阔腿短裤。这种裤裙起源于十九世纪后期，是为方便骑马而制作的，所以现代裤裙一般会被分类在裙子里面。有些裤裙前面会加盖一片布，看起来像是裹裙，从后面看则是短裤，这类裤裙名为"隐形裤裙（wrap culotte skirt）"。culotte 在法语中是短裤的意思。

隐形裤裙
wrap culotte skirt

这种裤裙会在阔腿短裤前侧加盖整片布料，乍一看像是裹裙，从后面看则是短裤。

郁金香形裙
tulip skirt

顾名思义，指形似郁金香花苞的裙子。同泡泡裙一样，这种裙子腰部以下较为宽松，至下摆逐渐自然收紧，两侧的下摆交错重叠，犹如郁金香的花苞一般。

喇叭裙
trumpet skirt

一种形似喇叭的裙子，腰部、臀部及大腿中部应用合体剪裁，下摆添加飞边、荷叶边等扩大裙摆，又因形似百合花，所以有时也被称为"百合花裙"。

美人鱼式裙
mermaid skirt

一种下摆展开的裙子，因形似美人鱼鱼尾而得名。美人鱼式裙一般都较长，但现在即使长度较短，只要下摆展开呈鱼尾状的裙子都可叫作"美人鱼式裙"。

鱼尾裙
fishtail skirt

一种前短后长、前后不对称的裙子。这种裙子十分优雅，因形似鱼尾而得名。鱼尾裙原本只用来特指美人鱼式裙，为了加以区分，有时也可叫作"尾裙（tail skirt）"。

螺旋裙
escargot skirt

指螺旋状的拼接式裙子，是波浪裙的一种。这种旋涡设计很容易让人联想到蜗牛壳。螺旋裙的设计十分多样，可以是差色拼接，也可以使用不同材质的布料进行拼接，或者加入斜褶等。

雪纺裙
chiffon skirt

指使用了质地轻薄且透明的平织布制作的裙子。这里的雪纺指的是布料的材质，多由仿真丝、锦纶等化学纤维制成。因为这种布料非常薄，有的甚至接近于透明，所以一般会层叠使用。chiffon 为法语，意为破布，抹布，纺织、服饰用语中意为编织较粗糙的纺织物。

纱裙
tulle skirt

指使用六角网眼刺绣蕾丝花边（p166）或轻薄透明且不加刺绣的绢网制作的裙子。因为所用材料比较透明，所以一般会层叠使用。这类裙子蓬松轻盈，能充分展示女性独特的魅力和女人味。芭蕾舞演员所穿的芭蕾舞裙（p58）如果选用六角网眼刺绣蕾丝花边制作，也可以称其为纱裙。

连衫围裙
apron skirt

指外形像围裙的裙子，属于罩裙（穿在半身裙或连衣裙外面的裙子）的一种。也有部分连衫围裙外形和背心裙（p68）类似。

封盖裙
flap skirt

一种将大块布围在腰间，并将布的一角塞进口袋进行固定的裹裙，常用于朋克服装中。

纱笼裙
sarong skirt

指将一块长方形的布系于腰间的裙子，形似筒裙，模仿东南亚传统民族服装纱笼制作而成。休闲度假感强，独具东方韵味和民族特色。

垂饰裙
draped skirt

一种让布料如流水般垂坠下来，以形成自然褶皱的裙子。这种设计旨在通过布料自身的重量，使裙体形成优美的线条。

帕里欧裙
pareo skirt

一种裹在腰间穿着的裙子，是塔希提岛的民族服装之一，一般围在泳装外面穿着。

夏威夷舞蹈专用裙
pa'u skirt

跳夏威夷传统民族舞蹈——草裙舞时穿着的专用褶裙，蓬松感良好，腰部有数条松紧带。pa'u 在夏威夷当地语言中意为裙子，所以这种裙子有时也可只用pa'u表示。

笼基
longyi

通过将一整块布系在腰间穿着的筒状裙子（也可指这块布本身），缅甸传统民族服装之一，男女通用。男性穿着时，会将布料在腹部打结；女性穿着时，则是将布料裹紧在左右任意一侧，然后另外用绳子固定。插图中所示为男性穿法。男性穿着的可叫作"帕索"，女性穿着的可叫作"特敏"。穿着笼基时，上衣一般会搭配一种名为"恩基"的罩衫。职业、民族不同，笼基的颜色和花纹也不相同。

吉卜赛长裙
Gypsy skirt

指吉卜赛女性所穿的长裙，有很多褶皱，为多段式拼接。一般跳弗拉明戈舞时会穿这种裙子。

桑博
sampot

柬埔寨民族服装，特征是将一块长方形的布系于腰间穿着，男女通用。桑博穿法多样，可以围成裙子，也可以围成裤子。

裳
chima

朝鲜族女性传统民族服装，长度从胸部一直延伸至脚踝，通常搭配名为"襦"的上衣穿着。裳和襦组成一整套朝鲜传统女性服饰赤古里裙（p77）。

啦啦队短裙
rah-rah skirt

一种带有较大褶皱装饰的裙子，多为超短裙。这种裙子最早作为啦啦队的表演服而走进人们的视野，曾在二十世纪八十年代十分流行。

短裤裙
skort

在日本主要是指进行网球等运动时穿着的运动短裙；在欧美国家则指在前面（或四周）添加了裙形外罩的短裤，还可以指带有裙褶的裤裙（p55）。另外，还有一种穿在运动短裙里面作为打底的短裤裙，叫作"打底短裤裙（under skort）"。

芭蕾舞裙
tutu

指从腰部开始向外展开的芭蕾演出用舞蹈裙，或是模仿它的外形制作的裙子。尺寸较短、横向展开的叫作"古典芭蕾短裙（tutu classic）"，长至脚踝、呈吊钟形的叫作"浪漫芭蕾舞长裙（tutu romantic）"。

圈环裙
hoop skirt

所有使用伞形支架的裙子的统称，是中世纪欧洲贵族阶层所穿的裙子。据说当时还没有较文明的厕所文化，这种裙子是为了方便女性站着如厕而设计的。

裤子

工装裤
cargo pants

一种由较厚的棉布制作的裤子，两侧附有口袋，源自货船工人的工作裤。

背面

画家裤
painter pants

指油漆工人的工作裤，特点是带有铁锤环（p139）和贴袋等。多用牛仔布、山核桃条纹布（p158）等结实的布料制作，耐磨性良好，一般比较肥大。

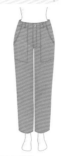

面包裤
baker pants

指面包师的工作裤，腰部四周附有大贴袋，裤子宽松，多为卡其绿色，立裆较深。

丝光卡其裤
chino pants

一种使用丝光斜纹棉布制作的裤子，源自英国陆军卡其色军装和美国陆军的劳作服，多为卡其色或原色。

牛仔裤
denim pants

指使用斜纹牛仔布（p165）制作的裤子。

无水洗牛仔裤
rigid denims

指布料带浆的原色未脱浆牛仔裤，未做防缩水和做旧等工艺处理。无水洗牛仔布、原牛仔布、生牛仔布都表示未加工的原始牛仔布。

男友裤
boyfriend denims

一种像是从男朋友那里借来似的直筒牛仔裤，穿着时一般会把裤脚卷起来。如果搭配得当，会显得减龄又可爱。

紧身裤
skinny pants

指严密贴合双腿的紧身裤子。

丛林裤
bush pants

一种工作裤，为防止被树枝剐蹭，口袋会缝在前后侧。口袋一般为贴袋，选用厚实的棉布制作，结实耐磨。bush 即树丛之意。

棒状裤
stick pants

一种形如细棒的瘦身直筒裤，也可指折线不明显的仿西装裤。

低腰牛仔裤
low-rise jeans

指立裆（裆部到腰的长度）较浅的牛仔裤。立裆深，但腰带位置较低的款式也可叫作"低腰牛仔裤"。

高腰裤
high waist pants

指立裆比普通裤子深的裤子。高腰裤在设计中一般会突出腰部至肋骨以下的部分，以达到提高腰线，显瘦、显腿长的效果。

水手裤
sailor pants

一种腰部合身，裤腿从上至下逐渐变宽的高腰阔腿裤。裤子门襟一般用纽扣固定，源自水兵的制服。也可叫作"海员裤（nautical pants）"。

喇叭裤
flared pants

一种裤腿从膝盖至裤脚逐渐变宽呈喇叭状的裤子。按裤口放大的程度，喇叭裤可细分为大喇叭裤、小喇叭裤及微喇裤，英文名也写作"boot-cut pants"。

果阿裤（瑜伽裤）
Goa pants

指用弹性好、触感好的莱卡面料制作的裤子，主要用于瑜伽等健身运动中。裤子的腰部呈 V 字形，大腿部紧贴身体，至裤脚一般会逐渐变宽。

烟管裤
cigarette pants

一种形似卷烟的细筒状直筒裤。这类裤子虽然瘦，但却不会紧贴身体，笔直的线条有显腿长的效果。烟管裤多为长裤，也有一些长度接近七分裤（p66）。

弹力打底裤
leggings

指由弹性较好的材质制作的打底裤，与腿部紧密贴合，长至脚踝。和裹腿几乎没有太大差别，leggings原始的含义就是短绑腿。

牛仔打底裤
deggings

指使用有弹性的牛仔布制作的打底裤，或带有牛仔布印花的弹力打底裤。deggings为denim和leggings的重组词语。

弹力裤
pants leggings

指具有弹力打底裤的穿着感和紧身裤（p59）外形的裤子。不同于内搭的弹力打底裤，弹力裤是一种外裤，可直接外穿，并且兼具打底裤的舒适。

紧身牛仔裤
jeggings

指使用弹性好的布料制作的牛仔裤，有前门襟，用纽扣或拉链开合。可以看作是将牛仔打底裤与弹力裤合二为一的裤子，jeggings为jeans和leggings的重组词语。

踩脚打底裤
stirrup leggings

指底部带有踩脚挂带的打底裤。与连脚紧身衣相比，这种裤子可以露出脚尖和脚后跟。

踩脚裤
stirrup pants

指底部带有踩脚挂带的裤子，踩脚打底裤也属于踩脚裤。stirrup意为马镫，是一种骑马用具。

滑雪裤
fuseaus

一种源自滑雪裤的修身紧腿裤，有的带有踩脚挂带。fuseau在法语中为纺锤之意。

绑腿裤
tethered pants

一种从膝盖或小腿至裤脚用绳子捆住的裤子，现在也可指膝盖以下比较紧身的裤子。tethered意为用绳索捆住。

裤子

束脚裤
ankle tied pants

一种腰部宽松，向下逐渐变窄，脚踝处用带子、皮筋、绳子等扎紧的裤子。ankle即脚踝。

骑马裤
jodhpurs

一种骑马时穿着的裤子，为方便活动，膝盖以上较宽松，弹性较好，膝盖以下逐渐收紧，以方便穿靴子。英文名来源于以棉织品而闻名的印度城市焦特布尔（Jodhpur）。骑马裤与低档裤的主要区别在于立档的位置。

背面

马裤
breeches

一种骑马时穿着的裤子，大腿部较为宽松，弹性较好，有长裤也有短裤。原本是中世纪欧洲宫廷中男性穿着的一种长裤。

灯笼裤
bombacha

南美洲从事畜牧业的牛仔穿着的工作裤，特点是腿周宽松肥大，便于活动，脚踝处收紧，腰间一般系宽腰带。

牧人裤
gaucho pants

一种裤脚宽松的七分裤，源自南美草原的牧民们所穿的裤子。现在多选用轻薄柔软的针织布料制作，是一款穿起来非常优雅的女裤。

裙裤
skants

指看上去像裙子的阔腿裤，一般尺寸较长，使用柔软布料制作的牧人裤也是裙裤的一种。skants 为 skirt 和 pants 的重组词语。

短裙裤
short culottes

外面带有罩裙的短裤，外形像短裙，也有尺寸较长的款式。

阔腿短裤

pantacourts

指裤脚宽大的短裤。

阔腿裤

palazzo pants

一种裤腿宽松的长裤,从大腿至裤脚的宽度相同。宽松的轮廓看起来简约又大气,外形很像裙子。

卷裹裤

wrap pants

指裤子左右两侧在前面有重叠或缠裹的裤子。外形似裙,轮廓宽松,便于身体活动。

牛津布袋裤

Oxford bags

一种立裆较深的阔腿裤,从大腿处至裤脚上下宽度相同。据说是二十世纪二十年代,牛津大学的学生为了遮盖被禁止穿着的索脚短裤(p65)而开始穿着。

球形裤

ball pants

一种比较肥大的阔腿裤,裤脚处微微收紧,整体轮廓呈球形,一般为九分裤。

袋形裤

baggy pants

一种宽松肥大、外形似袋子的阔腿裤。其特征是立裆较深,从臀部至裤脚异常肥大,可以很好地遮盖体形。

双耳壶形裤

amphora pants

一种形似双耳壶的裤子。其特点是大腿至膝盖较为宽松,膝盖至裤脚逐渐变窄。

懒人裤

slouch pants

一种大腿宽松,膝盖至裤脚逐渐变窄的裤子。特别宽松,便于活动,穿着舒适,不过穿着这种裤子看起来会略显邋遢。

松紧裤
easy pants

所有腰部用绳子或松紧带收紧的裤子的统称。这类裤子宽松舒适，可以居家或度假时穿着，对于不喜欢系腰带的人很友好。

束脚运动裤
jogger pants

一种从上至下逐渐变窄的锥形裤，长度至脚踝，裤脚用罗纹或皮筋收紧。多选用较柔软的布料制作，搭配运动鞋会显得腿形特别漂亮，一般作为运动服穿着。

陀螺形裤
pegtop pants

一种臀部宽松，向下至裤脚逐渐变瘦的裤子。pegtop 即梨形或无花果形的陀螺。

小丑裤
clown pants

指腰部宽松肥大的吊带裤，是小丑的常用表演服，也叫祖特裤（zoot pants）。

束缚裤
bondage pants

朋克装扮中的代表性裤装，两个膝盖之间用一条扣带连接，看起来行动很不便。穿着者试图用这种方式表达被束缚之意，多用红色底黑色方格的布料制作。

低裆裤
low crotch pants

指裆部比较低的裤子，根据布料和制作方式的不同，又可细分为低裆牛仔裤、低裆紧身裤等。

吊裆裤
sarrouel pants

一种膝盖以上宽松肥大，裆部位置十分低的裤子。有一些低裆裤裤脚会做收紧处理，外形看起来几乎和莎丽裤一样，但两腿没有分开，只在最下部留有让脚通过的孔洞。

莎丽˙裤
shalwar

巴基斯坦的民族服装，膝盖以上宽松肥大，裆部位置较低的裤子。二十世纪八十年代因被歌手 M.C. 汉默（M.C. Hammer）穿着而出名，有时会和外形十分类似的吊裆裤一同被叫作"哈马裤"。

˙莎丽在印度叫夏瓦尔。

阿拉丁长裤
Aladdin pants

一种裆部位置较低，腿部宽松肥大、自然下垂的裤子。和吊裆裤十分相似。

哈伦裤
harem pants

一种腰部周围有褶皱、轮廓宽松的裤子，长度一般在脚踝以上。常用作肚皮舞表演服，有些会选用透明材质制作。

多蒂腰布
dhoti

指印度教男性用的腰布，用一块布从裆下穿过进行穿着。是印度和巴基斯坦部分地区的民族服装，一般与无领的古尔达衬衫（p46）搭配穿着。

海盗裤
pirate pants

一种大腿宽松、略微膨胀，膝盖以下收紧或被绑起来的裤子，因容易让人联想到海盗的装扮而被命名。

佐阿夫女式长裤
zouaves

一种宽松肥大、裤脚处收紧的裤子，长度一般为过膝或至脚踝。

索脚短裤
knickerbockers

一种裤脚处用绳子等收紧、带有褶皱的过膝短裤，曾是自行车运动专用裤。

双层裤
double layered pants

指看上去像将两条不同长度的裤子叠穿的裤子，或指内外有两层的裤子。

剪边裤
cut-off pants

指裤脚看起来仿佛被裁过一般的裤子，长度上没有特别的限制，有的裤脚不缝边，保留布料的毛边，像是流苏（p143）。

中长裤
three quarter pants

一种长度过膝的裤子，一般用作运动服或休闲服，three quarter 即四分之三之意。

七分裤
cropped pants

指长度过膝，与中长裤接近，裤脚看起来仿佛被裁过一般的裤子，是剪边裤（p65）的一种。和卡普里裤、八分裤为同一分类。

卡普里裤
Capri pants

指长度过膝或至小腿的紧身裤，在二十世纪五十年代曾风靡一时，名称中的 Capri 源自意大利的度假胜地卡普里岛（Capri Island）。比卡普里裤稍长的裤子叫作"八分裤"。

八分裤
Sabrina pants

指长度至小腿和脚踝之间的紧身裤，比卡普里裤稍长。因奥黛丽·赫本在电影《龙凤配》（Sabrina）中穿着而逐渐开始流行。

卡里普索长裤
calypso pants

一种休闲度假风的瘦身七分裤，其原型是卡利普索民歌（加勒比海地区西印度群岛特立尼达岛的民族音乐）的表演服，有时会在裤脚加入开衩设计。

半长裤
clam diggers

一种长度至小腿的裤子，设计源于挖蛤蜊的人穿着的短牛仔裤。clam 是蛤蜊、蚌等双壳贝类的统称。

脚踏车裤
pedal pushers

一种弹性良好、较为贴身、易于活动的六分裤，源自二十世纪人们骑自行车时所穿着的衣服。

短衬裤
steteco

一种穿着于外裤内的过膝短裤。与平角短裤和秋裤不同，衬裤比较宽松，不贴身，主要作用是吸汗、保暖。现在逐渐流行将其用作居家服。

吊带皮短裤
lederhosens

指德国南部巴伐利亚高山地区的男性穿着的一种带有肩带的皮革短裤。

四分短裤
quarter pants

一种长度至大腿的短裤，一般用作运动服或休闲服，常见于学校的体操服。quarter 即四分之一之意。

百慕大式短裤
Bermuda shorts

一种长度至膝盖上方的短裤，一般比及膝短裤要瘦，源自百慕大群岛旅游度假区的休闲裤。

拿骚短裤
Nassau pants

一种长度在大腿中间位置的短裤，比百慕大式短裤短，比牙买加短裤长，三种都属于岛屿短裤（island pants），夏季常见于各种旅游度假区。

牙买加短裤
Jamaica pants

一种长度至大腿中间位置、裤脚略微收紧的短裤。来源于西印度群岛的旅游度假区。

廓尔喀短裤
Gurkha shorts

一种腰部带有宽腰带、立裆较深的短裤。这种短裤源自十九世纪廓尔喀士兵的军服，二十世纪七十年代在美国普及，后来逐渐发展成大众服饰。

紧身超短裤
hot pants

一种长度极短的短裤，一般比较紧身。

田径短裤
bloomers

一种整体宽松，腰部和裤脚用松紧带收褶的短裤，多指女式运动短裤，常用作排球运动服、田径运动服等。

连衣裙、连体裤

连衫裤
combinaison

一种上身为带袖上衣，下身为裤子，上下一体的组合服装。也有一些上衣无袖的款式。combinaison为法语，英文写作"combination"。

连体裤
romper

指上衣和下衣连在一起的衣服，原本为婴幼儿游戏时所穿着。

左右开襟连衣裙
cache coeur one-piece

指左右双襟对叠，像包裹在身上一样的连衣裙，胸部用绳子、蝴蝶结、纽扣等固定。英文名称中的cache即隐藏之意，coeur意为心脏，cache coeur直译为隐藏胸部。

查尔斯顿裙
charleston dress

一种拼接式低腰礼服裙，裙体多用珠串、流苏、帘状物等作为装饰。名称来源于二十世纪二十年代流行于美国的查尔斯顿舞曲。

衬衫裙
shirt dress

一种形似加长款衬衫或罩衫的连衣裙，门襟较长，一般带有领子和袖头，有些会在裙体另做加褶处理。

短袍
tunic

一种长度至腰或膝盖的长款上衣，或指长度较短的连衣裙。

背心裙
jumper skirt

一种上下一体，搭配衬衣、罩衫穿着的无袖连衣裙。

多用连体衣
all-in-one

所有上下一体式衣物的统称。这类衣服可以直接单穿，不用像背带裤和背带裙那样需要在里面另穿上衣。

背面

背面

背带裤（裙）
overalls

背带裙（裤）
salopettes

高背背带裤
high back overalls

肩带交叉式背带裤
cross back overalls

指带有护胸布，两侧有肩带的连体裤或连体裙。这种设计的初衷是防止弄脏里面穿的上衣，是一种防污工作服。其英文为 overalls，法文为 salopettes。现代背带裤上常见的铁锤环（p139）和标尺口袋，其实是保留了其最初作为工作服时的设计。材质和颜色多种多样，一般由结实的牛仔布料制作而成。这种服装腰腹部宽松，对穿着者来说不挑身材，所以也常用作孕妇装。

指背侧从臀部一直延伸至肩膀下方的背带裤。高背背带裤原本也是一种工作服，可以很好地遮盖住穿着者的身材，显得人更加活泼可爱。

指两侧的肩带在背部呈十字状交叉的背带裤。

防水连靴裤
waders

连身衣（跳伞服）
jumpsuits

布袋裙
sack dress

直筒连衣裙
shift dress

一种在钓鱼或户外工作时，能进入水中作业的长筒靴。其长度可至腰部甚至胸部，根据用途的不同，长度也不同，可划分到靴子、裤子、背带裤等不同品类中。

一种有前开襟，裤子与上衣连为一体的连体服。连身衣于二十世纪二十年代作为飞行服问世，之后被选为伞兵部队的制服。与连衫裤（p68）、连体衣（p68）基本相同。

一种无腰、宽松肥大的筒状裙装。布袋裙易穿、便于活动，是非常受欢迎的裙子，于 1958 年开始逐渐在全球流行开来。sack 即袋子之意。别名长衫裙（chemise dress）。

一种无腰、不刻意突出腰部曲线的直筒状连衣裙。直筒连衣裙与布袋裙的外形十分类似，但比其更贴合身体。

吊带裙
sundress

一种背部、肩部裸露较多的夏季连衣裙。大多选用棉布等透气性好的布料制作，颜色、花纹一般也很具清凉感。

穆穆袍
muumuu

一种宽松肥大的短袖长裙，是夏威夷女性的传统民族服装之一。裙摆多带有褶皱装饰，鲜艳的颜色和多彩的花纹，与夏威夷衫交相辉映。

修女裙
innocent dress

一种从修女所穿着的服装衍生出来的裙子，最大的特征是白色的围兜式育克（p139）和立领（p18）。

学生裙
gymslip

一种方领（p10）、外工字褶的无袖束腰长裙（无袖制服裙），常用作学生制服的设计中。

紧身连衣裙
sheath dress

一般是指与身体贴合度较高的连衣裙。原本指的是一种在胸围和腰围缝褶的半袖及膝连衣裙。sheath 即剑鞘之意。

高腰裙（帝国长裙）
empire dress

原本是指领口宽大的泡泡袖长裙，现在则多指高腰长裙或高腰连衣裙。这种裙子腰线位置较高，可以很好地协调身材比例，适合小个子女性穿着。白色的高腰长裙也经常被用作婚纱。

泡泡连身裙
bubble dress

一种形如泡泡、极具蓬松感的连身裙。有的泡泡连身裙整体膨起呈圆形，有的则通过添加褶皱等方式让下半部分膨起。

抹胸筒裙
tube dress

指轮廓形似圆筒的紧身长裙。

公主裙
princess dress

一种在腰部加入纵向拼接线使上身可以与身体紧密贴合，腰部至裙摆逐渐蓬松的裙装，多用于婚纱等。这种纵向的拼接线也叫公主线（princess line）。不过现在，公主裙并不单纯指添加有公主线的裙子，只要是上身贴身、下身蓬松的裙子都可以叫作"公主裙"。也可叫作"公主线连衣裙（princess line dress）"。

露肩礼服裙（中礼服）
robe décolletée

一种下摆及地，领口宽大，对颈部、胸部和背部展示度较好的蕾丝礼服，是极具代表性的晚礼服裙之一，也是现代女性最为正式的一款礼服。袖子一般较小或无袖，穿着时多搭配长度过肘的歌剧手套（p99），头戴皇冠头饰。主要用于晚宴、舞会以及外国皇室活动中。

一般礼服裙（立领裙）
robe montante

最为正式的日用礼服裙，其特点是立领，长袖，不露肩、背。搭配帽子、手套和折扇是其最为正式的穿法。montante 在法语中是高涨、竖立之意，在此意指裙子的立领。

沙漏裙
hourglass dress

一种轮廓线条形如沙漏的裙子。这种设计使穿着者丰满的胸部和纤细的腰肢更加突出。收腰西装也称作"沙漏型西装（hourglass silhouette）"。

鱼尾长裙
mermaid dress

指膝盖以上部分与身体线条完美贴合，膝盖以下有褶皱且呈喇叭形散开的鱼尾形长裙。也称作"mermaid line"。

圈环长裙
hoop dress

一种在裙子内侧放入圈环衬裙（p51），使裙体呈球形，下摆展开的礼服裙。

莎丽裙
sari

印度、尼泊尔、孟加拉等国女性的传统民族服装。一般是将5～11米长、1～1.5米宽的布料裹在身上。里面搭配露脐短袖衫（p42）和衬裙，然后将长布以腰部为中心进行缠绕，多余的布盘绕在肩膀上。

旗袍
cheongsam

一种立领、修身、上下一体的长连衣裙，源自中国满族女性的传统服装。旗袍最初是一种轮廓宽松，上下身分开的两件套服装，随着时代的变化，逐渐变成了如今这种修身的连衣裙。其色彩艳丽，花纹多样，多带有刺绣，能很好地展示女性之美，现在已经成为中国的国粹。

奥黛
ao dai

一种开衩至腰部的长裙，形似旗袍，越南传统民族服装，下身一般搭配较为宽松的裤子，男性也可以穿。奥黛的颜色也有讲究，不同的颜色代表不同的含义。

蒙古袍
deel

蒙古族传统民族服装，立领、右衽，外形有点像旗袍，男女式都有。

切尔克斯礼服
Circassian traditional dress

高加索地区的人们在婚礼等场合穿着的民族服装。红色或蓝色裙子上面装饰着华丽的配饰，穿着者一般搭配切尔克斯圆筒帽。

古尔达
kurta

印度的传统男性服饰。古尔达是一种套头式长衫，长袖，小立领，一般比较宽大，长度至大腿或及膝，与短袍（p68）类似。透气性好，尽管尺寸较长，但丝毫不影响它的清凉舒适，与裤子配套也被称作"古尔达睡衣"。（因其长度较长，这里归类为连衣裙。）

加克蒂
gákti

斯堪的纳维亚半岛北部和俄罗斯北部拉普兰德地区萨米族的民族服装。多用带有刺绣的丝带做装饰，颜色鲜艳，男式的比女式的短一些。瑞典语写作"kolt"。

萨拉凡长裙
sarafan

俄罗斯女性的传统民族服装。一种两肩有宽肩带、形似背心裙的吊钟形长裙，上衣一般搭配俄式衬衫（p46）。sarafan 在波斯语中意为从头穿到脚。

苏克曼
sukman

保加利亚女性的传统民族服装，形似背心裙，里面搭配束腰长衫，外侧一般会另系一条围裙。

围兜装
pinafore dress

所有外形酷似围裙的连衣裙的统称。原本是一种套在衣服外面穿的居家服，现在常用于儿童服、女仆装或洛丽塔装扮中。

克米兹
kameez

阿富汗游牧民族的民族服装。衣身、袖子宽松肥大，腰线的位置较高，多带有刺绣和串珠等色彩鲜艳的装饰物，下身一般搭配一种名为"帕尔图格"的裤子。

韦皮尔衫
huipil

墨西哥和危地马拉女性的传统民族服装。一种由庞乔斗篷（p86）发展而来的贯头衣*，形式不固定，可以无袖，也可以带袖，亦可以加前开襟。

*贯头衣：在一幅布的正中央剪出一条直缝，将头从这条缝里套过去，然后再将两腋下缝合起来的衣服。

布布装
boubou

马里和塞内加尔等西非地区的民族服装，男女都能穿。布布装宽松舒适，透气性好。在制作时，一般是在长方形的布块上裁出过头的缺口，前后自然下垂，两侧缝合或通过纽扣、系带等其他方式固定。

达西基
dashiki

一种 V 字领（p10）套头衫，色彩鲜艳，宽松肥大，一般领口周围有刺绣装饰，是西非的传统民族服装。

巴伊亚裙
Bahian dress

巴西巴伊亚州的民族服装，多由白色基调的布料与彩色布料拼接制作而成，穿着时多搭配项链等首饰，头戴头巾式帽子。

卡夫坦长衫
caftan

中亚地区穿着的一种长衫。长度较长，直线裁剪，有前开襟，开襟上一般绣有民族特色的刺绣，穿法多样，可搭配腰带等。

阿米什装
Amish costume

阿米什人以拒绝使用汽车及电力等现代设施，过着俭朴的生活而闻名。他们所穿着的衣物也很简单，单色连衣裙搭配一件围裙，头戴旧式女帽（p116）。

柯特哈蒂裙（上衣）
cote-hardie

一种中世纪长裙，上半身紧身，下半身宽松，长度及地（男款及腰）。领口普遍较深，前身、袖子外侧（袖口至手肘部分）一般装饰有成排的纽扣。

希顿
chiton

古希腊人贴身穿着的宽大长袍，一种用未经裁剪的长方形布制成的帘装裙，肩膀处用别针或胸针固定，腰部用腰带或绳子扎紧。女款一般长至脚踝。

卡拉西里斯
kalasiris

古埃及贵族穿着的一种半透明紧身连衣裙或上衣，多搭配腰带，不露肩。

和服
kimono

日本传统民族服装，将从布匹上直线裁剪下来的布块缝合后搭配腰带穿着。kimono在日语中原本仅仅是衣服的意思，但随着现代服装的普及，逐渐演变成了传统日式服装的代名词。

浴衣（夏季和服）
yukata

一种里面不穿打底衬衣的简式和服，常用作浴衣、睡衣和日本舞蹈练习服，多见于日本夏季庆典和日式旅馆等。一般由吸湿性好的棉布制作而成，通常搭配木屐穿着。

插图：CHIAKI

帽子：海员帽（p116）
上衣：横条纹（p160）
裙子：直筒裙（p52）
鞋：懒人鞋（p104）

发饰：发圈（p122）
连衣裙：水手领（p19）/深袖口（p38）/
　　　　饰腰带（p133）
包：手风琴包（p126）
鞋：球鞋（p104）

套装

加利西亚民族服装
Galician traditional costume

西班牙加利西亚地区的民族服装，其主要颜色为红色和黑色，斗篷式上衣和独特的围裙非常有特色。

立陶宛民族服装
Lithuanian traditional costume

立陶宛的民族服装，内衬衬衫和腰绳上有独具民族特色的刺绣，背心和围裙的搭配也很特别。

波列拉
pollera

中南美洲（主要是巴拿马）的一种民族服装，由卡米萨（p42）和波列拉组成。轻薄的白色棉布上布满了各种装饰，有蕾丝花边、褶皱以及紫、红、绿等颜色艳丽的彩色布花等。

巧丽达
cholita

玻利维亚、秘鲁等南美安第斯地区的女性民族服装。一般上身着披肩，下身穿宽松的长褶裙，头戴圆顶硬礼帽（p112）。

阿尔卑斯裙
dirndl

德国巴伐利亚地区至奥地利蒂罗尔地区的女性所穿的民族服装。衬衫外面穿束腰罩裙，最外侧系一条围裙。

蜜黛儿
mieder

瑞士的民族服装，上身是带有地域代表色的编织护胸，外侧系围裙，与阿尔卑斯裙的结构基本相同。

巴纳德
bunad

婚丧嫁娶时穿着的挪威女性传统民族服装，现在人们在各种节日也经常穿着。根据民族和地域的不同，颜色和刺绣图案也不同。具体可参考电影《冰雪奇缘》（*Frozen*）中主人公的装扮。

旗拉
kira

一种长至脚踝的长裙，不丹女性的传统民族服装，由一条整块布料缝合而成。kira 意为裹住。

旁遮普服装
Punjabi dress

印度、巴基斯坦等地区的民族服装,由卡米兹（上衣）、夏瓦尔（裤子,巴基斯坦叫莎丽裤,p64）、杜帕特（围巾）组成。旁遮普服装的搭配比较自由,变换多样,除了宽松肥大的夏瓦尔外,下身还可搭配紧身裤或喇叭裤等。

赤古里裙
chima jeogori

朝鲜族传统民族服装,由从胸部至脚踝的裳（p58）和男女通用的襦（jeogori）组成,女式的襦比男式的短。

汉服
han fu

中国汉族传统服装,袖子宽大,是明末清初以前汉族的主要服饰。在现代,除道士的道袍、僧侣的僧袍和部分礼服外,汉服原本已经很少见了,但随着传统文化的复兴,汉服逐渐回到人们的视野中,受到越来越多的人喜爱。

瘦脸穿搭

脸部附近要多使用膨胀色

深色的针织衫可以使身材看起来更加苗条纤细,但也会从视角上拉宽脸部。
改为亮色的针织衫,露出脖子,利用头发遮挡脸部,能达到很好的瘦脸效果。
相比色彩明亮、立体感强的上半身,下半身可选用深色的紧身裤,让穿着者看起来更加苗条纤细。

束胸背心
bodice

一种女式无袖紧身衣，长度及腰，前身一分为二，贴合身体用绳子紧紧系住。据说这种背心源自十五世纪欧洲贵族女性的居家服，在现代除了具备背心的基本功能，还可以用作内衣，可使身体曲线看起来更完美。

防风马甲
wind vest

防风运动服的马甲款，衣领部分多附有可折叠收纳的帽兜，常用作简易版运动外套。目前市售的此类马甲大多由轻质材料制作而成，体积较小，可折叠，易携带，便于外出时随时穿脱。

狩猎马甲
hunting vest

顾名思义，这是一种狩猎时穿着的马甲，前身附有很多口袋，以方便携带弹药。

越野跑马甲
trail vest

一种徒步旅行、越野跑或钓鱼时穿着的马甲，具有很好的防水性能，可细分为有帽款和无帽款。

网球背心
Tilden vest

一种 V 形领口，领口、袖口和下摆处有一条或多条宽条纹的背心。原本比较厚实，但为了使活动更加自如并拓宽可穿着的季节，现在的网球背心一般都比较薄。兼具复古感与运动感，经常被用作学校制服，同时，该设计也容易让人显得孩子气。

针织背心
knit vest

指用针织材料制作的背心，一般为 V 字领（p10），也可叫作"无袖毛衣"。这种背心容易让人看起来略显孩子气，搭配不当还会显土气，请大家注意。

羽绒马甲
down vest

内部加入了羽绒的防寒用马甲，基本为绗缝（p166）制作，带袖款即为羽绒服（p85）。

皮坎肩
jerkin

一种皮制、无领的外用背心，十六至十七世纪起源于西欧，第一次世界大战开始投入军用。

有领马甲
lapeled vest

一种和外套一样的带领马甲，lapel 意为翻领。

花式马甲
odd vest

指用与外衣不同材质制作的马甲，除内搭外也可直接单穿，设计形式多样，英文也写作 "fancy vest"。

英式马甲
waistcoat

在十七世纪诞生之初，原本是带有袖子的，至十八世纪后期，逐渐变成了无袖式，并延续至今。waistcoat 是英国对于马甲的叫法，美国称 vest，法语为 gilet。

法式马甲
gilet

法国原产的一种无袖上衣，美国称其为 vest，英国称其为 waistcoat。各国对于马甲的定义没有太大区别，相较于其他装饰和口袋较多、经常外穿的马甲，法式马甲的设计一般比较简洁，更倾向于用作内搭。所以，法式马甲多指那些装饰少或无装饰，轮廓线相对更具特色的马甲。

外套

伊顿夹克
Eton jacket

英国伊顿公学在 1967
年之前使用的制服外
套，长度较短，穿着
时一般不系纽扣。里
面搭配马甲、伊顿领
（p17）衬衣和黑色
领带，下身多搭配条
纹或格纹裤。

轻便制服外套
blazer

所有休闲运动款西服
外套的统称，特征是
金属纽扣，胸前口袋
上带有穿着者所属团
体的徽章等。多为学
校、体育俱乐部、航
空公司的制服等。

便装短外套
sack jacket

一种不紧贴身体的宽
松短夹克，穿着十分
舒适，能很好地掩盖
体形，既休闲又兼具
复古感，非常易于搭
配。

侍者夹克
bellboy jacket

一种在酒店大堂门口
负责接管客人行李
的行李员所穿的夹
克，立领（p18），长
度较短，多为金属纽
扣，腰部一般做收
紧处理。英文也写作
"pageboy jacket"。

露腰短夹克
midriff jacket

一种下摆至上腹部、
长度非常短的夹克外
套。

诺福克夹克
Norfolk jacket

一种带有与外套布料
相同的宽肩带和宽腰
带的夹克外套。原本
是狩猎专用外套，逐
渐发展为现代警用制
服和军用制服。

雪茄夹克
smoking jacket

原本是指一种可以在舒适放松的场合穿着的华
丽宽松上衣，长度较短。有说法称雪茄夹克是
无尾晚礼服（p81）的原型。其主要外形特征
是青果领（p23）、折边袖口（p34）和栓扣（p144）。
在美国，雪茄夹克和无尾晚礼服为同一种衣服。
法国叫作"雪茄夹克"，英国则称无尾晚礼服
为"晚宴服"。雪茄夹克也可指模仿男式无尾
晚礼服制作的女式夹克外套。

拿破仑夹克
Napoleon jacket

以拿破仑曾经穿着的军官服为原型设计的夹克外套，带有浓烈的欧洲宫廷风。其主要特征是醒目的金线装饰、立领（p18）、肩袢（p140）和前身两排紧密排列的纽扣。

西装外套
tailored jacket

一种仿西装裁剪、前身较宽的外套，可分为双排扣式（左图）和单排扣式（右图）。英文名中的 tailor 为裁缝店、裁缝之意，tailored 在此意指男式西装裁剪。西装外套与定制西装（tailored suit）原本是相同的意思，但西装外套更倾向于在休闲场合下穿着，而定制西装则更多地用于商务等正式场合。女式西装外套也很常见。

无尾晚礼服
tuxedo

一种男性在夜间穿着的准礼服，多为黑色或深蓝色，缎面青果领或戗驳领（p23），长度及腰，一般搭配黑色蝴蝶领结、马甲以及侧缝装饰有缎条的裤子。在英国又叫晚宴服（dinner jacket）。

背面

燕尾服
tailcoat

男性夜间正礼服，其基本结构形式为前身短、长度至腰部以上，后身长、后衣片呈燕尾形两片开衩，缎面驳头（p142）的戗驳领（p23），穿着时门襟敞开、不系扣，多搭配蝴蝶领结和缎面礼帽（p114）。因后摆形似燕尾而得名，也叫作"燕尾大衣""晚礼服大衣"。

晨间礼服
morning coat

一种男性在白天穿着的正礼服。长度至膝盖，单排扣，戗驳领（p23），前身的下摆向两侧斜下方逐渐变长，也叫常礼服。

斯宾赛夹克
Spencer jacket

一种高腰，长袖，日常穿着的修身短上装，可以看作是省略掉燕尾的燕尾服。

梅斯晚礼服
mess jacket

一种夏季用简约白色正礼服，长度较短，一般为青果领（p23）或戗驳领（p23）。mess 即军队会餐或会餐室之意。

卡玛尼奥拉短上衣
carmagnole

在法国大革命时期，革命党人穿着的一种翻领短上衣。法国的革命歌舞也叫卡玛尼奥拉。

无领西装外套
no collar jacket

所有无领夹克的统称，一般搭配无领内搭穿着。比西装外套更能展现女性的魅力，镶边的设计多种多样。

饰裙夹克
peplum jacket

指在腰线以下添加荷叶边或褶皱装饰的夹克外套。腰线以下逐渐变宽的设计可以使腰部显得更为纤细，对臀部的遮盖也有一定的显瘦效果。

法式女款短外套
casaquin

流行于十八世纪法国大革命时期的女式短上衣，穿着时下身一般搭配宽裙摆的裙装。与之相似的还有长度较长的卡拉克短外套（caraco）。

男式紧身短上衣
doublet

中世纪至十七世纪，流行于西欧地区的男式紧身及腰短外套。随着时代的发展，其设计也不断变化，有立领（p18）、加衬垫、绗缝（p166）、V 字形腰线等。法语写作"pourpoint"。

狩猎夹克
safari jacket

狩猎、探险、旅行时穿着的夹克，兼具舒适度和功能性。其特征是两胸和左右腰间有补丁贴袋、肩袢（p140）、腰带，多为卡其色。

战地夹克
field jacket

模仿士兵在野战时穿着的军服而设计的上衣，防水性良好，多为迷彩图案，带有多个功能性口袋。

飞行夹克
flight jacket

拉链开合式皮制夹克外套，其设计灵感源自军队中飞行员的制服，原本是操作敞篷式飞机的飞行员的防寒外衣。

MA–1 飞行夹克
MA-1

一种尼龙外套，极具代表性的飞行夹克之一，二十世纪五十年代曾被美国空军征用为军用服装。为方便低温环境下的活动，由常规的皮革改良为尼龙材质，下摆、领口、袖口为罗纹，后身一般比前身短。现在也指以其为原型设计的时装。因被电影《这个杀手不太冷》（Léon）的女主角玛蒂尔达穿着，在女性中也很受欢迎。

飞行员夹克
aviator jacket

飞行员穿着的拉链开合式皮制短夹克，多为毛领，与骑行夹克十分相似。

骑行夹克
rider's jacket

指摩托车骑手在骑行时穿着的一种短皮衣，袖口和开襟处一般用拉链等开合以便防风，结实的缝制还可以减少骑行意外摔倒时造成的伤痛。

驾车短外套
car coat

模仿二十世纪初流行的驾车外套设计制作的上衣。长度较短，多为西装领，在开敞篷车时穿着，既能展现复古时尚，又能防寒防风，是一件非常好的外套单品。

甲板服
deck jacket

在甲板上进行作业时穿着的军用防寒外套，或者以此概念设计的外套。特征是领口带有扣带、可以将领子竖起并固定，袖子里侧添加罗纹袖口，有很好的防风效果。

水手领夹克
middy jacket

水手领的夹克外套，其设计源自候补海军学校学生所穿着的制服。middy 是 mid-shipman（海军学校学生）的简称。

哥萨克夹克
Cossack jacket

以哥萨克骑兵所穿着的夹克为原型设计的短夹克外套，领型以青果领（p23）和两用领（p16）居多，一般为皮制。

丹奇夹克
donkey jacket

指英国的煤矿工人或港口劳作人员在作业时穿着的一种麦尔登呢防风厚外套。其特征有纽扣式罗纹宽领，肩部添加防水补丁以减少磨损。这种罗纹大宽领也叫作"丹奇领（p25）"。丹奇夹克（风衣）在制作时，一般会在丹奇领或肩部加补丁二者中选其一。

丹奇风衣
donkey coat

西部牛仔夹克
western jacket

指美国西部牛仔所穿着的上衣，或以此为原型设计的夹克外套。一般由起绒皮革制成，特征是有流苏（p143）装饰，肩部、胸部、背部有弧形育克。

麦基诺短大衣
mackinaw

方格纹羊毛厚呢短大衣，特征是有双排扣、盖式口袋、腰带等。其名称来源于美国密歇根州麦基诺。

牛仔夹克
denim jacket

指用牛仔布料制作的夹克外套。

工装外套
coverall

指用牛仔等结实的布料制成的外套，比牛仔夹克长，口袋一般比较多，多作为工作服。

棒球夹克
stadium jumper

指棒球选手所穿着的一种防寒制服，一般在胸前或背部会有棒球队的标志，是美国休闲时尚类服装的代表。

防寒训练服
piste

套头式防风外套，主要用作足球、排球、手球等运动的热身服或训练服，没有口袋和拉链等装饰，有一定的防寒作用。piste 在法语中意为跑道，在德语中意为室内滑雪场。滑雪运动员所穿着的外套也叫作"滑雪服（piste jacket）"。

连帽防寒夹克
anorak

具有防寒、防雨、防风效果的连帽外套，也叫防风衣。源自因纽特人所穿的皮制上衣，在极地地区会另加毛皮内衬。

羽绒服
down jacket

填充了动物羽毛、绒毛的防寒上衣，一般是绗缝（p166）或树脂压制制作，无袖款为羽绒马甲（p79）。

中山装
Mao suit

一种立翻领、有袋盖的四贴袋服装，因孙中山先生率先穿着而得名，曾是中国的代表性服装，从国家领导人到普通大众都会穿着。二十世纪八十年代初逐渐退出常用服装舞台。西方人称其为"Mao suit"，正式名称为"Chinese tunic suit"。

夹克骑马装
hacking jacket

一种单排扣粗呢外套，源自骑马装。特征是前身下摆呈圆形，后身下摆中间开衩，口袋倾斜以方便骑马时拿取物品。

加拿大外套
Canadian coat

指加拿大林业工作者所穿的领口、袖口等处带有毛皮或动物毛的大衣。

箱式直筒大衣
box coat

所有外形似方盒的大衣的统称，肩部以下为直线设计，不收腰，原本是马车夫所穿着的一种纯色防寒厚外套。

双排扣厚毛短大衣
reefer jacket

指左右双襟较宽，厚制双排扣大衣，源自乘船时穿的防寒服，reefer意为收帆的人。英文也可写作"pea coat"，pea即锚爪。

牧场大衣
ranch coat

指将带毛的羊皮翻过来做成的大衣，或模仿其制作的内里带绒的大衣，是美国西部牛仔用来防寒的常用衣物。英文名中的ranch即牧场之意。

宽松短大衣
topper coat

一种长度较短的女式防寒大衣，下摆一般比较宽松。

斗篷风衣
cape

所有形似斗篷的无袖外套的统称，披风也属于斗篷风衣的一种。有圆形裁剪和直线裁剪等多种裁剪方式，长度、布料和设计也花样繁多。

连帽斗篷
cucullus

欧洲部分地区的人所穿的带有帽子的小斗篷，最具代表性的设计是帽兜的顶部带有尖角。

庞乔斗篷（南美披风）
poncho

一种在布料中央开领口制成的简单外套，源自安第斯地区的原住民穿在普通衣服外面的罩衣。长度过腰，一般由防水性和隔热性良好的厚羊绒制成，具有很好的防寒、防风作用，表面大多印有具有民族特色的、多彩鲜艳的几何图案。最大的特点是穿脱简单，无袖设计解放了双臂。在现代时装中也很受欢迎。

披风
cloak

一种无袖外衣，属于斗篷的一种，一般比较长，吊钟形轮廓，对身体的包裹性较好。

连帽披风

capa

指带有帽兜的披风。

长款开衫

coadigan

一种外形与开衫非常相似，但左右双襟不交叉或交叉部分面积较窄的外套，也指长度较长的开衫。coadigan 为外套 coat 和开衫毛衣 cardigan 的重组词语。

毛呢栓扣大衣

duffle coat

一种较厚的羊毛外套，源自北欧渔民的工作服。最大的特征是对襟处的栓扣（p144），多带有帽兜。这种外套在第二次世界大战时曾被英国海军征用为军用防寒大衣，战后逐渐普及。

军大衣

mods coat

一种以美国军队的军用连帽衫为原型设计的外套。其特征是军绿色，有帽兜，鱼尾形后衣摆。

轻皮短外套

covart coat

用 covert 布料*制作的大衣。暗门襟，单排扣，袖口和下摆有压线，后衣摆有开衩，长度比普通大衣略短，领子多为天鹅绒或与大衣相同的布料。这种大衣最早出现于十九世纪后期，二十世纪三十年代开始流行。

有袖斗篷大衣

garnache

一种来自中世纪的外套大衣，外形酷似庞乔斗篷（p86），胸前有舌状饰物（左图），袖子宽大，有的带有帽兜。不过现代的有袖斗篷大衣胸前一般不带舌状饰物（右图）。

斯瓦格大衣

swagger coat

一种流行于二十世纪三十年代至七十年代的大衣，七分长度，下摆呈喇叭状。swagger 意为虚张声势、大摇大摆。

披风大衣

Inverness coat

诞生于苏格兰因弗内斯地区的双层大衣。外面有一层能遮住肩部的斗篷，里面是无袖（现代多为有袖）长大衣。这种设计的初衷是保护风笛不受风雨侵蚀。它是夏洛克·福尔摩斯（Sherlock Holmes）最爱穿的服装。

*covert 布料：一种由多色羊毛编织，或羊毛和棉混纺制成的布料，具有很好的耐磨性。

切斯特大衣
Chesterfield coat

这是一款有着很高地位的经典大衣，尺寸较长，暗门襟(p139)，单排扣，天鹅绒领，平驳领（p23），现在也有明扣款。

战壕风衣
trench coat

一款以第一次世界大战中，士兵们在战壕中穿着的功能性大衣为原型设计制作的大衣。最大特征是腰部、袖口、领口处有扣带，以调节温度，有很好的防寒作用。

双排扣礼服大衣
frock coat

黑色双排扣（现在也有单排扣款）及膝大衣，纽扣一般为4～6颗。它是穿着晨间礼服之前的时间段使用的男式正礼服，下身一般搭配条纹西裤。

拿破仑大衣
Napoleon coat

以拿破仑的军用制服大衣为原型设计制作的大衣，立领，有肩袢（p140），前身有两条较长的纵排纽扣，双襟可根据风向调节上下位置。

裹襟式大衣
wrap coat

指不使用纽扣或拉链等固定，而是像缠在身上一样，左右双襟深度交叉的大衣，腰间一般用与大衣相同材质的腰带固定，线条柔美，看起来高贵优雅。

镶边大衣
trimming coat

指在边缘处添加有饰物的大衣，trim 意为修剪、点缀。

骑装大衣
redingote

所有掐腰设计的大衣的统称，redingote 为法语，取自英文 riding coat（骑马外套）。

巴尔玛肯大衣
Balmacaan

一种巴尔玛肯领（p16）、插肩袖（p26）、下摆宽松的大衣，在衣领的正下方通常会加一颗纽扣，穿着时可以系上（左图），也可以解开（右图）。其名称来源于苏格兰因弗内斯的一处庄园的名称。

阿尔斯特大衣
Ulster coat

一种防寒性极好的经典款大衣，一般由羊毛材质的厚实布料制作而成，多为双排扣设计，纽扣数量为 6～8 颗，左右双襟深度交叉，腰间可搭配腰带，长度至小腿。上领采用的是阿尔斯特领（p24），与下领同宽或稍宽于下领，这也是其主要特征。名称来源于北爱尔兰阿尔斯特岛东北部出产的毛织品。阿尔斯特大衣可以说是大衣品类中最为经典的一种，前文提到的战壕风衣可以看作是它的改良版。

背面

马球大衣
polo coat

一种背部带有腰带的长款大衣，阿尔斯特领（p24），双排扣，共有 6 颗纽扣，两侧一般有补丁贴袋，翻边袖（p28）。源自马球比赛时，队员候场或观众观赛时所穿着的大衣。1910 年由美国服装品牌布克兄弟（BROOKS BROTHERS）为其命名，并以该名称正式发售。

帐篷形大衣
tent coat

一种腰部不收紧，自肩部开始向下摆逐渐变宽的大衣，外观整体呈三角形，也叫金字塔形大衣或喇叭形大衣。

茧形大衣
cocoon coat

穿着时轮廓线条呈椭圆，形似蚕茧的大衣。这种形状的线条也叫茧形线条，cocoon 即蚕茧之意。茧形裙（p54）也是运用了茧形线条的典型例子。

桶形大衣
barrel coat

指身体部分膨起、形似圆桶的大衣，与茧形大衣基本相同。

防尘外套
duster coat

指在初春时为防尘而穿着的宽松长外套，一般比较薄，背部有开衩，原本是在草原等处骑马时所穿的外衣。大多采用防水性能好的布料制作，所以还可以兼作雨衣。

胶布大衣
mackintosh

用橡胶防水面料制作的大衣。mackintosh 也指这种防水面料。1823年英国人查理·麦金塔（Charles Macintosh）在两层布料中间加入一层天然橡胶，使之具有防水功能。之后它逐渐成为制作雨衣的常规布料。

油布雨衣
slicker

指用防水面料制作的雨衣，尺寸较长，整体宽松肥大。源自十九世纪初期海员穿着的一种用橡胶做了防水处理的外套。

丘卡大衣
chokha

高加索地区男性穿着的羊毛大衣，胸前装饰有子弹袋，尺寸较长，是该地的传统民族服装。据说动画电影《风之谷》（《風の谷のナウシカ》）中就借用了这种服饰。

艾拉赛外衣
earasaid

苏格兰高地女性的传统民族服装，衣服本身是一块方格或条纹图案的布，穿着时一般用别针或腰带固定。

朱巴大衣（藏袍）
chuba

一种羊皮外套，西藏传统民族服装，穿于绸衫之外，有的单侧有袖子。

究斯特科尔大衣
justaucorps

十七至十八世纪流行于欧洲的男式上衣。里面一般搭配法式马甲，下身穿及膝裙裤，衣体装饰物多且华丽，袖口多有蕾丝花边。

吉普恩大衣
zipun

十七世纪时俄罗斯农夫穿着的一种上衣，下摆微呈喇叭状。

胡普兰长衫
houppelande

十四世纪后期至十五世纪流行于欧洲的一种宽松长袍。最初是男性的室内服装，后来女性也开始穿着。下摆长至脚踝及以下，衣体宽松肥大，穿着时一般会系腰带。

乔内尔长袍

giornea

文艺复兴时期，意大利佛罗伦萨人们所穿着的裙袍，前后身自然下垂，版型宽松，可系腰带。

罩袍

chador

妇女用于遮盖头部和上身的罩袍，颜色通常为黑色。

布尔卡罩袍

burka

一些国家中穆斯林女性在公共场合穿戴的面纱女袍。

坎迪斯宽袍

kandys

古代波斯等地的一种长至脚踝的宽松衣物，主要作为贵族阶层的服装，袖口呈喇叭状。

达尔玛提卡

dalmatic

中世纪之前流行于欧洲的一种十字形宽松服装，源自克罗地亚达尔马提亚地区的民族服装。

祭披

phelonion

某些教会教职人员在举行仪式时穿着的一种无袖长袍。

阿鲁巴长袍

alb

某些教会教徒所穿着的长至脚踝的宽松长袍。

教士服

cassock

某些教会教职人员所穿着的一种黑色便服，立领（p18），长至脚踝，全衣无装饰，里面一般用罗马领（p22）打底。

管状比基尼
bandeau bikini

上装为一条横带而非三角形,形似圆管的比基尼,曾在二十世纪七十年代至八十年代十分流行。与传统的比基尼相比,这种设计更能维持胸部的线条,让胸部看起来更加漂亮,带给人可爱清纯之感。现在还可以通过添加钢圈和衬垫等让胸部更加不容易走形,胸部更加挺拔。为了防止错位,有的也会添加肩带,还可以加流苏(p143)和褶边(p143)等装饰。

扭结比基尼
twisted bandeau bikini

管状比基尼的一种,上装前部呈扭结状。

V 字形比基尼
V wire bandeau

管状比基尼的一种,上装前方有 V 字形切口,可以让胸部线条看起来更美观。

蝴蝶结比基尼
bow bikini

所有带有蝴蝶结装饰的比基尼的统称。蝴蝶结可以直接在前方打结出来,也可以另外拼接,设计多种多样。

三角比基尼
triangle bikini

上装的布料呈三角形的比基尼,一般通过细绳固定,上装下侧的绳子可以调节松紧度。对水的承受力较差,比起泳衣的基础功能,更侧重于美观,适合胸部较丰满的人穿着。

超小型比基尼
micro bikini

上装和下装的布料面积非常小的比基尼的统称,对于布料的面积没有明确的规定,据说是为了应对法律中禁止裸泳的条款而设计的。

巴西比基尼
Brazilian bikini

一种诞生于巴西的比基尼,上装和下装的布料面积较小,是超小型比基尼的一种,颜色艳丽,多带有各式印花,着重突出臀部线条,是一款十分活泼可爱的泳衣。

系带比基尼
tie side bikini

指下装的两侧通过结绳来固定的比基尼，tie side 即在侧面打结之意。

眼罩比基尼
gantai bikini

指上装两胸部部分的布料呈四方形，看上去像眼罩的比基尼。下装对水的承受力较差，作为泳衣实用性较低，一般用作拍摄写真。

平角比基尼
boyleg

指下装为平角裤的比基尼，看上去像立裆较浅的紧身超短裤（p67），裤脚为水平裁剪，和男性内裤几乎一模一样。

低腰比基尼
low-rise

指下装立裆较浅的比基尼，这种设计可以更好地展示纤细的腰肢和身体曲线。

连体比基尼
monokini

正面连为一体、背面看似分体的比基尼，由最初的通过链条等金属饰物连接发展至现在的款式。可细分为上下装只在中间连接和连接处中间镂空两种类型。

吊带背心比基尼
tank-top bikini

上装为背心或吊带装的上下分体式比基尼。上装在设计中的灵活度和可变度较高，通过高腰设计达到拉长腿部线条的效果，拼接式则可以突出胸部。

挂脖比基尼
halter neck bikini

上装通过在颈部系带固定的比基尼，胸部带有钢圈，穿着时不易错位。不挑胸型，无论是丰满的人还是胸部较小的人都可以穿着。

十字绕颈比基尼
cross halter bikini

通过挂绳在颈部固定，胸前呈十字交叉状的比基尼，对水的承受力较好，不挑胸型，是一款既实用又性感的泳衣。

一字肩比基尼
off-shoulder bikini

上装无肩带等固定，将双肩完全裸露的比基尼，突出胸线，能更好地展现女性的柔美。

荷叶边比基尼
flared bikini

上装或下装外侧添加了荷叶边装饰的比基尼，荷叶边增加了衣服整体的蓬松感，对比之下使腰部看起来更加纤细。

流苏比基尼
fringe bikini

添加了用绳子或布条制成的穗状饰物（流苏）的比基尼。流苏（p143）可以使胸部看起来更丰满，更显性感。

背心式泳衣套装
tank suit

上装为背心式或无袖运动衫，下装为短裤的泳衣套装。是一款比较传统的泳衣，常见于儿童泳装设计中。

布基尼
burkini

下装为长裤，衣服整体只露出面部和手、脚，不会太贴身。其名称为 burka 和 bikini 的重组词语。

V 字吊带泳衣
free back

两侧的肩带在背部肩胛骨之间集中呈 V 字形的女式连体泳衣，据说是法国阿瑞娜（arena）公司专门开发的侧重运动性能的泳衣。

竞技泳衣
racing back

一种女子竞技泳衣，袖口开得很大，背部细窄，这是一种非常稳固的设计，同时还提高了双臂的活动度，非常适合游泳竞技。

裸腰竞技泳衣
fly back

一种肩带在肩胛骨中间靠下的位置集中固定，且固定点下方有较大开口的竞技泳衣，这种设计可以减少背部布料的面积。

背部交叉式肩带
back cross strap

肩带设计在背部呈十字交叉状，常用于泳衣、内衣、上衣、连衣裙等的设计中，可以很好地展现女性魅力，缺点是穿脱不便。

I 字背泳衣
I back

一款全面遮盖后背，尽量减少背部暴露程度的泳衣。

U 字背泳衣
U back

一种背部呈 U 字形裁剪的泳衣，方便穿脱。

Y 字背泳衣
Y back

指肩带在背部呈 Y 字形交叉的泳衣，稳固性好，游泳时不易脱落或错位。

十字背泳衣
cross back

一种肩带在背部交叉，穿脱方便，稳固性好的泳衣，也叫 α 背泳衣。

半包内裤
tanga

一种布料面积非常小（尤其是臀部）的泳衣或内裤，强调后侧的形状时也可叫作"丁字裤"。源自巴西里约热内卢狂欢节等活动时所穿着的服装。

冲浪服
rash guard

一种在做潜水、冲浪等水上运动时穿着的上衣，主要用于防晒、保暖、防止擦伤和水母等有害生物的蜇伤等。女性一般会将其穿在泳衣的外面，也可以穿在潜水服的里面做打底，以防止潜水服的胶皮擦伤皮肤。冲浪服一般为插肩袖（p26），有的带有帽兜可当作外套，大多较贴身，这样可以减少水的阻力，使活动更为自如。

袜子

长筒丝袜
stockings

非常薄的长筒袜，长度一般在膝盖以上。

紧身连裤袜
tights

从脚尖一直延伸至腰部，与身体紧密贴合的裤状袜，多由尼龙等弹性好且具有保温性能的材质制作而成，常用于芭蕾、体操等身体活动幅度较大的运动中。因形似裤子，所以当所用布料在 30 旦＊以上时一般会被分类为裤子，30 旦以下则分类为袜子。

＊旦（denier）：丝、人造丝、纤维的纤度单位，长 9000 米重 1 克为 1 旦。

渔网连裤袜
fishnet tights

指编织成网状或格子状的连裤袜。

短袜
socks

所有长至脚踝上部的袜子的统称，穿着这种袜子的主要目的是保暖、吸汗、透气、减缓压力等。

泡泡袜
loose socks

一种穿着时袜筒堆叠，看上去松松垮垮的长筒袜。二十世纪九十年代在日本高中女生中十分流行。为防止袜子掉下，会用袜子专用胶带将其固定在膝盖下方。

护腿袜套
leg warmers

一种上至大腿或膝盖下方，下至脚踝的保暖用筒状袜套，最初是练习滑雪、芭蕾时穿着的护具。

船袜
foot covers

一种十分浅的袜子，脚背处开口较大，只有脚尖和足跟处被包裹，主要作用是保暖、吸汗、透气、减缓压力等。一般搭配浅口鞋（p107）或平底鞋（p106）穿着，以防因袜子外露影响美观。

鞋尖套
toe covers

- - - - - - - - - - - - - - - -

一种只覆盖脚尖部分
的袜子，有的后面有
细带可挂在脚后跟
上。

五趾袜
toe socks

- - - - - - - - - - - - - - - -

指五根脚趾分开的袜
子。

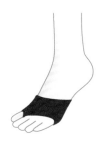

人字袜
thong socks

- - - - - - - - - - - - - - - -

一种只从脚的拇趾和
二趾之间穿过的袜
子，袜子拇趾部分与
其他四根脚趾的部分
是分开的。

显瘦穿搭❶

七分裤代替短裤

短裤虽然能使穿着者看起来更有精神、更有活
力，但实际上像七分裤、八分裤、卡普里裤等
过膝的裤装有更好的显瘦效果，可以让整体搭
配更显利落、清爽。不同色调的裤子也会带给
人不同的感觉，非常易于穿搭。

短手套
shortie

指长度至手腕、尺寸较短的手套，有一定的防寒效果，但更多是用作服装搭配。英文也可写作"shorty"。

无指手套
demi- glove

指没有手指部分的手套。这种手套的材质和用途多种多样，比较注重功能性，适合在对手指的灵活度要求较高的工作中使用。有些无指手套只暴露指尖部分。demi在法语中为一半之意。

半指手套
open fingered glove

一种手指部分不闭合，暴露手指的手套。这种手套的主要作用不是防寒，而是为了保护手掌或提升握力。常见于拳击等体育运动中。

镂空手套
cutout glove

一种在手背、关节等处做镂空（p138）处理的手套，可增加手套的装饰性和手部运动的灵活性。

连指手套
mitten

一种拇指分开、其余四根手指连在一起的手套。

铁手套（防护手套）
gauntlet

一种入口处呈喇叭状、长度较长的金属手套，盔甲防护用具。在现代时装中，铁手套一般指以中世纪骑士战斗时穿着的臂铠为原型设计的手套。还可指骑摩托车、击剑运动、骑马时所佩戴的防护用长手套。

长手套
arm long

一种长度至肘，搭配无袖长裙、晚礼服、鸡尾酒礼服（cocktail dress）佩戴的手套，能够凸显穿着者高贵优雅的气质。制作长手套的材质多种多样，有绸缎、皮革等。根据用途的不同，又可细分为歌剧手套、晚宴手套等。

歌剧手套
opera glove

指长度至肘部以上，搭配露肩礼服裙（p71）等无袖晚礼服佩戴的长手套，与长手套基本相同，也可叫作"晚礼服手套"。歌剧手套一般是女性搭配正装佩戴的手套，设计普遍比较简洁，不会太过华丽、醒目，颜色亮度也较低。

枪手手套
mousquetaire glove

一种腕部有镂空（p138），与身体紧密贴合，用纽扣或金属卡扣固定的长手套。源自法国十八世纪的一种制服。mousquetaire 在法语中为枪手之意。

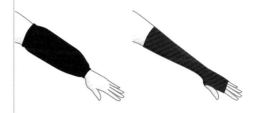

袖套
arm cover

一种两端用皮筋收紧的筒状袖管，用以防止弄脏衣袖（左图），长度延长至手臂的手套也可叫作"袖套"（右图）。现在也可指一种形似长手套的防晒用装饰性手套。袖套普遍会包裹整条小臂，为方便活动，手指部分一般会裸露出来。

鞋子

短靴
bootees

一种长度至脚踝以下的女式靴子，靴口一般呈倾斜状，因其可爱的外形非常受女性欢迎，也可看作是稍短的踝靴。露脚踝的设计可以让腿看起来更加修长。

系带靴
lace-up boots

一种系鞋带穿着的靴子，可以将靴子很好地固定在脚上，交错的鞋带具有很好的装饰效果，不过这种靴子穿脱时会比较麻烦。

西部靴
western boots

源自西部牛仔穿着的骑马靴，也叫作"牛仔靴（cowboy boots）"。西部靴尺寸较长，靴口的左右两侧高于前后两侧，鞋头较尖，靴身带有装饰。

威灵顿长筒靴（雨靴）
wellington boots

一种皮革或橡胶材质的长筒靴，也叫作"雨靴"，由英国的威灵顿公爵（Duke of Wellington）发明。法国艾高（AIGLE）公司和英国猎人（HUNTER）公司生产的雨靴很有名气。

黑森靴
Hessian boots

指十八世纪德国西南部黑森州的军人所穿着的军用长筒靴，靴口处带有流苏（p143）装饰，据说威灵顿长筒靴就由其演化而来。

骑士靴
cavalier boots

源自十七世纪的骑士所穿着的靴子，靴口宽大，多有折边，也叫 bucket top。

羊皮靴
mouton boots

指用羊的毛皮制作的靴子。

松紧短靴
side gored boots

一种侧面有松紧带的靴子，穿脱十分方便，一般长度至脚踝。也叫切尔西靴（Chelsea boots）。

工作靴
work boots

指在施工、作业时穿
着的靴子，内里多为
厚实的皮革。一般为
系带式，适合与牛仔
搭配，男女款都有。

技师靴
engineer boots

工人穿的安全靴，或
者是模仿其设计的靴
子。靴子内部嵌有安
全护罩以保护双脚，
为防止鞋带意外钩住
东西造成摔倒，外部
选用扣带固定，鞋底
做加厚处理。

佩科斯半靴
Pecos boots

一种鞋头粗而圆，鞋
底宽厚，没有绑带和
鞋带，易于穿脱的半
靴，源自美国南部佩
科斯河流域的农耕用
鞋。佩科斯半靴是红
翼（RED WING）公司
的专利产品。

沙漠靴
desert boots

一种鞋头较圆，长至
脚踝的短靴，有 2 ～ 3
对鞋带孔，橡胶鞋底。
采用鞋面外翻工艺，
将鞋帮与鞋底用压线
缝制加固，以防止在
沙漠中行走时沙子进
入鞋内。

* 将鞋面外翻，然后用明线将鞋面
  与鞋底缝合在一起的制鞋方法。

马球靴
chukka boots

外形与沙漠靴相似，
鞋头较圆，长至脚踝
的短靴，有 2 ～ 3 对
鞋带孔，鞋帮、鞋底
大多都采用皮制，适
合搭配休闲服。

短马靴
jodhpur boots

诞生于二十世纪二十
年代，靴筒用皮绳固
定的骑马用半靴。在
第二次世界大战中曾
是飞行员的常用鞋。

僧侣鞋（孟克鞋）
monk shoes

一种鞋身简约，鞋背
较高，用扣带固定的
鞋子，源自修道士所
穿着的鞋履。僧侣鞋
不是正式用鞋，但十
分百搭，无论是西装
还是休闲服都可以搭
配。

过膝长靴
thigh high boots

一种长至大腿附近的
长靴，有时长至膝盖
的靴子也可叫作"过
膝靴"，以强调靴筒
的长度。

系扣靴
button up boots

一种没有鞋带，采用纽扣来固定的靴子，十九世纪至二十世纪初曾在欧美非常流行。

凉靴
sandal boots

指鞋头或足跟处敞口的靴子，或是脚踝部分较长、形似短靴的凉鞋。

凉鞋
sandals

所有开放型鞋类的统称。将鞋底通过带子或绳子固定在脚上，足部的裸露程度较高，是一种户外用鞋。脚踝没有绑带固定的叫穆勒鞋（p104），传说是古埃及时期为了保护脚底不受热沙灼伤而诞生的。

罗马凉鞋
bone sandals

一种由多根绑带交叉固定的凉鞋，源自古罗马角斗士（gladiator）穿着的军靴，也叫角斗士鞋（gladiator sandal）。

罗马军靴
caliga

指古罗马的士兵或角斗士穿着的凉鞋，由多根皮带编织而成，稳定性好，不易错位，是罗马凉鞋的原型。

廓尔喀凉鞋
Gurkha sandals

一种皮制凉鞋，鞋帮由皮带编织而成，透气性好，稳定性好。源自廓尔喀士兵穿着的凉鞋。

墨西哥平底凉鞋
huarache sandals

墨西哥传统皮绳编织凉鞋。平底，皮带从侧面向脚背处交叉编织，多为手工制作。日常穿着和休闲度假穿着均可。

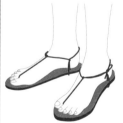

墨西哥单绳凉鞋
huarache barefoot sandals

一种只用简单的绳子固定于脚背和脚踝的平底凉鞋，多为手工制作，也是一种跑步用凉鞋。

甘地凉鞋
Gandhi sandals

最初是指一种在木头鞋底上有一凸起，通过拇趾和二趾夹住穿着的凉鞋，也可指夹柱较简单的凉鞋。目前没有明确的证据表明圣雄甘地穿过这种凉鞋。

赤脚凉鞋
barefoot sandals

一种从脚趾间穿过，挂在脚踝上的装饰性物品，并非真的鞋子，一般与凉鞋搭配使用，可使脚部看起来更显华美。也可指脚部面积裸露极大的凉鞋。

沙滩凉鞋
beach sandals

一种专门在沙滩上赤脚穿着的凉鞋。平底，人字形皮带。

巴布什拖鞋
babouches

摩洛哥的传统鞋子，皮革材质，一般将鞋跟直接翻折到鞋底穿着，形似拖鞋。鞋面通常为柔软的羊皮或缎面，装饰以精巧的绣花或流苏（p143）。

帆布轻便鞋
espadrille（法国）

帆布轻便鞋
alpargata（西班牙）

一种常见于旅游度假区的夏季用鞋。最大的特征是鞋底由麻绳编织而成，鞋帮多为帆布。在法国也是一种夏季室内用鞋。源自法国和西班牙的海员、海港工人、海军士兵等穿着的草鞋式凉鞋。在西班牙，传统的系带款式比较常见；在法国，则多为休闲的无系带款。

墨西哥皮凉鞋
caites

一种墨西哥及周边地区常见的凉鞋。麻制鞋底，皮革制鞋帮。

木底凉鞋
sabot sandals

一种脚尖和脚背被包裹，足跟部分裸露的凉鞋。鞋底用木头或厚实的软木制作，鞋帮为皮革或布面。sabot 意为木鞋，原本是指一种用较轻木料做的木鞋。

环趾凉鞋
thumb loop sandals

一种拇趾部分为环状扣的凉鞋，稳固性好，多为平底。固定拇趾的环叫拇趾环。

穆勒鞋
mule

指包裹脚背，足跟部分没有绑带等固定物的凉鞋，也称高级拖鞋。

赫本凉鞋
Hep sandals

指鞋头处敞开，足跟没有绑带等固定的穆勒式凉鞋，鞋底为坡跟（p110）。Hep sandal 为 Hepburn sandal 的缩写，因奥黛丽·赫本（Audrey Hepburn）曾在电影中穿着而得名。

懒人鞋
slip-on

所有没有绑带、鞋带等固定的鞋子的统称。穿着方便，自然舒适，只需将脚蹬进鞋中即可，鞋帮两侧一般会有松紧带。

球鞋
sneakers

指橡胶鞋底，由布或皮革制成的运动鞋。内里一般采用吸汗性能较好的材质制作，鞋帮多用鞋带固定，布制的还叫作"帆布鞋（canvas shoes）"。橡胶鞋底可增加运动时的摩擦力。

牛津皮鞋
Oxford shoes

所有鞋带式短靴、皮鞋的统称。因十七世纪初，最早由英国牛津大学的学生穿着而得名。

香槟鞋
spectator shoes

指二十世纪二十年代在社交场所观看体育赛事时，男士所穿的一种鞋。配色一般为黑白相间或茶色白色相间。

尖头皮鞋
winkle pickers

一种鞋头处为尖形的鞋子。二十世纪五十年代开始，由英国的摇滚乐迷穿着，现在多被朋克摇滚歌手穿着。

布鲁彻尔鞋
bluchers

主流的鞋带式皮鞋之一，脚踝下方左右两块皮料从脚后跟一直延伸至脚背，并用鞋带系起来，因最初由普鲁士的布吕歇尔元帅（Gebhard Leberecht von Blücher）改良成型而得名。

巴尔莫勒鞋
（结带皮鞋）
balmorals

一种鞋带式皮鞋，鞋口处呈 V 字形。十九世纪中期，由英国的阿尔伯特亲王（Prince Albert）在巴尔莫勒尔堡设计诞生，并由此得名。

布洛克鞋
（拷花皮鞋）
brogues

指鞋面带有梅达里昂雕花（p111），由皮块拼接，拼接线为锯齿状的鞋子，鞋头处的拼接线叫作"翼梢（p111）"。

马鞍鞋
saddle shoes

指鞋背部分所用材料的颜色和材质与鞋帮不同的鞋子。因其拼接出来的款式和造型形似马鞍而得名，系带式。这是一款起源于英国的历史悠久的鞋子。

带穗三接头鞋
kiltie tongues

一种三接头结构的鞋子，鞋舌纵向剪成锯齿状，上面带有装饰性系带，是常见的高尔夫用鞋。kiltie tongue 意为流苏状鞋舌。

随从鞋
gillies

跳苏格兰乡村舞蹈时穿着的一种鞋子。最大的特征是鞋带处凸凹不平，呈波浪状，无鞋舌，系带。最初是一种农耕或狩猎用鞋，鞋带有时会绑至脚踝。

甲板鞋
deck shoes

指在游艇或甲板上穿着的鞋。鞋底刻有波浪形花纹，防滑性好，多采用具有防水性的油性皮革制作。

莫卡辛软皮鞋
moccasins

一种将 U 字形皮革采用莫卡辛制鞋法制作的懒人鞋（p104）。在莫卡辛制鞋法中，鞋身的侧面和鞋底是一整块皮子（最初为鹿皮），将这块皮与外底缝合，穿起来非常舒适。

袋鼠鞋
wallabies

一种系带式鞋子，采用大 U 字形皮革缝合制成。袋鼠鞋是老牌英国品牌其乐（Clarks）公司于 1966 年推出的一款经典产品。

乐福鞋
loafer shoes

懒人鞋的一种，款式多样。如图所示，鞋背处有半月形缺口。可以放一枚硬币的，叫"便士乐福鞋（penny loafer）"或"硬币乐福鞋（coin loafer）"；带有流苏（p146）装饰的，叫"流苏乐福鞋（tassel loafer）"。

流苏乐福鞋
tassel loafer shoes

指鞋背处带有流苏穗饰（p146）的乐福鞋。在美国，这是一款在律师中非常流行的鞋子。tassel 即流苏、穗状装饰物之意，loafer 意为懒汉、游手好闲的人。

地球负跟鞋
earth shoes

这种鞋子最主要的特点是采用了前高后低的负跟设计。其设计灵感来源于一位瑜伽大师，穿上后可以使体态挺拔，达到瑜伽练习中"莲花座"的效果，有矫正身姿、缓解关节负重的作用。

波兰那鞋
poulaines

一种起源于波兰的鞋子，鞋头尖长而卷翘，形似小丑鞋。中世纪至文艺复兴时期，流行于西欧，实用性较低，是贵族阶级的身份象征。

平底鞋
flat shoes

一种鞋跟很小或没有鞋跟，鞋底较平坦的鞋子，主要为女性用鞋。大多为圆鞋头，穿脱方便，不累脚。芭蕾舞鞋就是一种典型的平底鞋。缺点是容易显腿短。

芭蕾舞鞋
ballet shoes

特指芭蕾舞专用舞鞋，或模仿其制作的鞋子，是平底鞋的一种，多用柔软的材质制作。

船鞋
cutter shoes

指鞋跟在 2 厘米以下的女鞋，没有扣带，穿脱方便。款式多样，主流的有莫卡辛式和浅口式，与此类似的还有萨布丽娜平底鞋。

二十世纪五十年代，受电影影响，流行在鞋头加入刺绣

现代的则没有刺绣

萨布丽娜平底鞋
Sabrina shoes

一种低跟浅口平底鞋，材质一般较软，因奥黛丽·赫本在电影《龙凤配》（Sabrina）时穿着而逐渐开始流行。与船鞋十分相似。

歌剧鞋
opera shoes

模仿男士在欣赏歌剧或晚上聚会时所穿着的平底鞋设计的鞋子，现在大多为女鞋。一般为黑色缎面或漆皮材质，鞋头多装饰有缎带蝴蝶结。

玛丽·珍鞋
Mary Jane shoes

一种低跟，光面，圆鞋头，脚踝搭扣绑带的鞋子，大多为浅口鞋。因漫画《布斯特·布朗》（Buster Brown）中一个名为"玛丽·珍"的女孩穿着而得名。

T 字带鞋
T-strap shoes

指鞋背处的扣带呈 T 字形的鞋子，具体又可细分为 T 字带凉鞋、T 字带浅口鞋、T 字带高跟鞋等。

浅口鞋
pumps

所有露出脚背，没有绑带、鞋带等固定的鞋类的统称。

露趾浅口鞋
open toe

指鞋头处有开口，可以露出脚趾的浅口鞋。即便是穿丝袜，类似这种露脚趾或露足跟的鞋子也非常不适合在正式场合穿着，请大家注意。

鱼嘴鞋
peep toe

指鞋头处开有小口的浅口鞋，开口的范围较露趾浅口鞋要小，一般也不推荐在正式场合穿着。peep 即偷看、偷窥之意。

圆头鞋
round toe

指鞋头宽阔、圆滑的鞋子，也可指这种鞋型。圆头鞋穿着舒适，不容易过时，无论正式场合还是日常休闲均可穿着，是一款非常基础的鞋型。

尖头鞋
pointed toe

指鞋头呈尖形的鞋子，个性强烈，纤巧细致，在视觉上有拉长腿部线条的效果，也可使脚背看起来更加漂亮。

杏仁鞋（头）
almond toe

指鞋头偏细窄、形似杏仁的鞋子或这种设计。鞋头的弧度介于圆头鞋和尖头鞋之间。这种鞋平衡感好，更易于搭配，深受时尚人士的喜爱。

椭圆形鞋（头）
oval toe

指鞋头呈椭圆形的鞋子或这种设计，也可叫蛋形鞋（egg toe）。

方头鞋
square toe

指鞋头呈四方形的鞋子或这种设计，拇趾和二趾处长度相同，鞋头前侧为一条直线。这是一种极具复古感的鞋型，比较适合在商务等正式场合穿着。

奥赛鞋
d'Orsay pumps

一种通过将鞋帮的内侧裁去，增大脚部裸露面积的浅口鞋。最初由十九世纪著名艺术家阿尔弗雷德·奥赛伯爵命名，一般和中空浅口鞋归为一类。

中空浅口鞋
separate pumps

指鞋帮中空，鞋头处和后跟处没有连接的浅口鞋。为使后跟更加稳固、穿着时跟脚，大多会在鞋跟添加后置扣带，一般和奥赛鞋归为一类。

浅口靴
shooty

一种鞋帮较深的露脚背鞋，后跟高度可至脚踝下方，像是短靴（p100）与浅口鞋的综合体，非常具有设计感。shooty为shoes和bootee的重组词语。

后系带鞋
back strap shoes

指将扣带绕至足跟上方进行固定的鞋子，浅口鞋或凉鞋中比较常见。扣带的松紧可调节，走路时不易脱落，足跟的裸露使脚踝更显纤细，但不适合在正式场合下穿着。也称作"露跟鞋（open back）""裸跟鞋（sling back）""背带鞋（back band）"等。

十字带鞋
cross strap shoes

指扣带在脚背处呈十字状交叉的鞋子。

厚底木鞋
rocking horse shoes

一种鞋底为木头的鞋子，最大的特征是鞋底厚实，鞋头处向上翘起，多带有绑带，以更好地固定鞋子。

肖邦鞋
Chopine shoes

十四至十七世纪，在意大利和西班牙等地流行的厚底鞋，多搭配长裙穿着。除了显高的作用外，由于当时没有排水设施，这种鞋子还可以防止衣服沾上污水和泥泞，据说是现代高跟鞋的鼻祖之一。

木套鞋
pattens

中世纪到二十世纪初期，欧洲人外出时穿在鞋子外面的一种保护套，用来保护鞋子不被弄脏。外形酷似木屐，有些带有金属环扣。

护腿
overgaiters

一种套在鞋子上方的防护罩，可防止雨、雪、泥泞弄脏裤脚，具有一定的保暖性。下部用绑带固定，是一种常见的登山护具。英文常简写为gaiter。

厚底（鞋）
storms

指对鞋底做了加厚处理的鞋子，可用于凉鞋、高跟鞋、平底鞋等多种鞋型。

松糕底（鞋）
platform shoes

鞋底添加了防水台，鞋掌和鞋跟都比较厚的鞋子，一般指厚底的平底鞋。platform即讲台、平台之意。

坡跟（鞋）
wedge sole

鞋跟部分为楔形斜坡状的高跟鞋。wedge意为楔形。

细跟高跟（鞋）
pin heel

鞋跟细长如钉的高跟鞋，这种跟本身叫作"细跟"，是一种非常性感的鞋子。

意式高跟（鞋）
Italian heel

指鞋跟笔直、细而长的高跟鞋，或鞋跟后面向内侧弯曲的女式高跟鞋，也可指这种跟本身。

粗跟高跟（鞋）
chunky heel

指鞋跟较粗的高跟鞋，也可指这种跟本身。

童跟（鞋）
pinafore heel

指鞋底从鞋头到鞋跟为一体的高跟鞋，也可指这种跟本身。

锥形高跟（鞋）
cone heel

指鞋跟上粗下窄，如雪糕筒一般呈圆锥形的高跟鞋，也可指这种跟本身。

马蹄跟（鞋）
spool heel

指鞋跟两头宽，中间窄的高跟鞋，独具复古感，也可指这种跟本身。

古巴式中跟
Cuban heel

指鞋跟的后侧随鞋底向前倾斜的粗鞋跟设计，西部靴有时会采用这种鞋跟设计。

香蕉跟
banana heel

一种后侧为弧形的鞋跟，上端粗，与地面接触的一端比较细，形似香蕉。

西班牙式高跟
Spanish heel

指鞋跟前侧与地面垂直，后侧呈曲线的鞋跟设计。

喇叭形高跟（鞋）
flared heel

指从上至下逐渐变粗的鞋跟设计，也可指采用了这种鞋跟的鞋子。

弯跟（鞋）
curved heel

鞋跟内侧为弧形，也可指采用了这种鞋跟的鞋子。

叠层跟
stack heel

鞋跟由皮革和薄木板多层堆叠制作，也可指印有类似图案的鞋跟。

梅达里昂雕花
medallion

指皮鞋鞋头周围的小洞（镂空）装饰。设计初衷是更好地释放鞋子里的潮气，常见于布洛克鞋（p105）。

翼梢
wing tip

指皮鞋鞋头处的 W 形拼接线，因形似鸟的翅膀而得名。这种设计一般会和梅达里昂雕花一同使用。

圆顶爵士帽
tremont hat

帽檐较窄，帽身从下至上逐渐变细的帽子。佩戴时帽顶呈圆形，不向内凹。

男用毡帽
Humburg hat

帽檐向外侧卷起，帽身周围有缎带装饰的帽子，帽顶中间向内凹陷。男士可搭配正装佩戴。

圆顶硬礼帽
bowler

一种毛毡帽，帽顶较硬，呈圆形，帽檐外卷，是男士用来搭配礼服的常用帽。十九世纪初诞生于英国，设计的初衷是利用硬式材质来保护头部，因由英国帽匠威廉·波乐（William Bowler）发明，所以又叫波乐帽。圆顶礼帽的美式叫法为德比帽（Derby Hat），在赛马场上十分常见。

平顶硬草帽
boater

用麦秆制作的帽子，帽檐窄而平，圆筒形帽身，帽顶扁平，帽身周围一般用缎带或蝴蝶结装饰。这种结实的轻便帽最初是为船员或水手专门设计制作的。最初，人们在制作帽子时会使用清漆或糨糊，做出的帽子十分坚硬，敲打时可发出类似"康康"的声音，又因被康康舞的舞者佩戴，所以又名康康帽。法语写作"canotier"。

狩猎帽（鸭舌帽）
hunting cap

帽顶平且前面带有帽舌，最初是猎人打猎时戴的帽子，因此称作"狩猎帽"。因其扁如鸭舌的帽檐，也称鸭舌帽。不同宽窄、大小的帽舌所呈现出的佩戴效果不同。十九世纪中期起源于英国，非常贴合头部，不容易脱落错位，人们在打高尔夫球时经常佩戴这种帽子。狩猎帽和夏洛克·福尔摩斯所戴的猎鹿帽（p117）有些相似。报童帽（p115）也属于狩猎帽的一种。

贝雷帽
beret

一种圆形无檐软帽，一般由羊毛或羊毛毡制作而成，帽顶大多会有钮尖或流苏等装饰物。关于贝雷帽起源的说法很多，最常见的一种是，法国和西班牙交界处巴斯克地区的农民模仿僧侣的帽子制作了贝雷帽，因此称其为"巴斯克贝雷帽"。在帽口处有镶边的叫军用贝雷帽（army beret）。毕加索、罗丹（Rodin）、手冢治虫等众多艺术家都很喜欢佩戴贝雷帽。

苏格兰无檐圆帽
tam-o'-shanter

帽顶带有帽球装饰的较大的贝雷帽。源自苏格兰传统民族服装。

尼赫鲁帽
Nehru hat

印度前总理尼赫鲁经常佩戴的一种帽子，特点是帽顶扁平，帽身呈圆筒形。

提洛尔帽
Tylolean hat

一种毛毡帽，帽檐较窄，前侧帽檐稍向下垂，后侧帽檐向上卷起，侧面一般有羽毛等装饰物。源自阿尔卑斯山脉东部提洛尔地区的农夫所戴的帽子。也叫登山帽，很受登山爱好者欢迎。

墨西哥阔边帽
sombrero

墨西哥传统民族帽子，帽顶较高，帽檐宽阔，一般由毛毡或麦秆制作而成，多带有刺绣、饰绳等装饰物。其英文名源自西班牙语sombra（意为影子）。

折缝软呢帽
center crease

帽顶中间带有折痕的帽子，山字形帽身，帽檐较窄，多用较宽的缎带装饰。

翻边软呢帽
snap brim hat

软呢帽的一种，帽檐下垂，边缘处有弹性，可自由弯曲改变形状。

巴拿马草帽
panama hat

用多基利亚草（巴拿马草）的纤维或彩色麦秆编织而成的带檐草帽。巴拿马草帽柔软细腻，轻便结实，透气性好，是夏季度假胜地使用频率非常高的帽子。其原产地为厄瓜多尔，因在巴拿马港出口而得名。

嘉宝帽
Garbo hat

一种帽檐柔软、呈波浪形的宽沿帽子，因经常被瑞典女演员葛丽泰·嘉宝（Greta Garbo）佩戴而得名。它与宽边软帽基本相同，在日本也称女演员帽。

缎面礼帽
silk hat

男士正装礼帽，帽身呈圆筒状，帽顶水平，帽檐两侧轻微向上卷起，别名高顶礼帽。帽顶有折痕的也叫男用毡帽（p112）。

南美牛仔帽
gaucho hat

南美草原的牛仔和牧人所佩戴的一种帽子，帽身向上逐渐变小，帽檐宽大。

宽边女软帽
capeline

法语中所有宽边帽子的统称，帽檐宽大柔软，多由麦秆或布制成，因英格丽·褒曼（Ingrid Bergman）在电影《卡萨布兰卡》（Casablanca）中佩戴而被人们所熟悉。

牧羊女帽
bergere hat

一种帽檐柔软宽大，帽身短小的帽子，最初多由麦秆制成，现代的材质较为广泛。法国国王路易十六的妻子玛丽·安托瓦内特（Marie Antoinette）就曾戴过这种帽子。bergere为法语牧羊女之意。

布列塔尼帽
Breton

一种帽檐较窄且向上翻起的帽子，源自法国布列塔尼地区的农民所佩戴的帽子。

钟形女帽
cloche

一种帽檐较窄、微微向下倾斜，帽身较深，整体呈吊钟形的女用帽子。帽身多有缎带装饰，对脸部的包裹度高，具有很好的防晒效果。

蘑菇帽
mushroom hat

一种帽檐较窄且微微向下倾斜，帽檐边缘内卷的帽子，因外形似蘑菇而得名。

拼片圆顶帽
crew hat

帽身由6～8块布料拼接而成的圆顶帽，帽檐一般有多圈压线装饰。日本幼儿园、托儿所的孩童所戴的黄色帽子就是这种帽子。

报童帽
casquette

狩猎帽的一种，帽身由数块布料拼接而成，前侧带有遮阳帽檐，因经常被送报员佩戴而得名。

阿波罗棒球帽
Apollo cap

一种以美国国家航空航天局（NASA）的工作人员所戴的工作帽为原型设计的帽子。帽檐较长，装饰有月桂树图案的刺绣。在国外，它通常作为消防、警察或保安公司的制服帽。

五片帽
jet cap

由前侧1块、帽顶2块、左右各1块，共5块布料制作成的帽子。帽檐较宽，在左右2块拼片上一般带有透气口，常见于街头时尚装扮中。

西部牛仔帽
cowboy hat

一种美国西部牛仔所戴的帽子，帽檐宽阔上翘，帽顶有折痕。起源于美国西部大开发时代，也叫牧人帽（cattleman hat）。

高顶牛仔帽
ten-gallon hat

西部帽的一种，帽檐宽阔上翘，帽顶呈圆形，是一款最为传统、最具代表性的牛仔帽，但实际上牛仔们并不怎么带这种帽子。

斗篷帽
cape hat

一种后脑部分带有遮布的帽子，因容易让人联想到斗篷而得名。

幼童帽
biggin

一种与头部紧密贴合，形似头巾，通过绳、带在下颌打结固定的帽子，主要作为幼儿用帽。

头纱
mantilla

一种能遮盖住头部和肩膀的女性用纱巾，一般为蕾丝或丝绸材质。西班牙女性在佩戴头纱时，一般会在脑后梳一个较高的发髻。

旧式女帽
bonnet

饰边款
bavolet

在十八至十九世纪的欧洲最具代表性的女性用帽。一般由较为柔软的布料制作而成，前侧多带有帽檐，可以包裹住后脑及整个头部，通过绳、带在下颌打结固定，有些会在帽子下端有饰边。原本是已婚女性和男性用的帽子，现代多用于洛丽塔服饰和婴儿服饰设计等。

普鲁士军帽
Krätzchen

拿破仑时期，普鲁士士兵佩戴的一种圆形、无帽檐的帽子。一般为毛毡材质，后来也被多国军队所采用。据说是警官帽的原型。

水手帽
sailor hat

水兵所戴的帽子，佩戴时一般会像上图中一样，将帽檐全部向上翻起。如将帽檐展开，外形则类似拼片圆顶帽（p115）。水手帽别称娃娃帽（gob hat）。

海员帽
marine cap

船员或欧洲的渔夫所戴的帽子，前侧带有小帽檐，帽顶柔软，与学生帽和警官帽非常相似。

马术帽
riding cap

一种骑马时佩戴的圆帽，如头盔般坚固，可在意外落马时起到保护头部的作用，表面多用天鹅绒或鹿皮（仿鹿皮）制作。

猎狐帽
fox hunting cap
狩猎狐狸时戴的帽子，马术帽就是由其发展而来。两种帽子看起来十分相似，但其实是两种不同的帽子。

猎鹿帽
deerstalker
狩猎帽的一种，两侧的大护耳可在头顶用缎带等固定，前后各有一帽舌，后侧的帽舌可以保护脖子不被树枝划伤。

单车帽
cycling cap
骑自行车时佩戴的一种较薄的帽子，帽檐上翻，以防止低头时遮挡视线。除单独佩戴外还可以戴在头盔里面做衬帽，防止头部的汗液流入眼睛，还可以防止头盔移位。

法国军用平顶帽
Képi
法国警察、军队所使用的平顶帽，帽檐较小。作为法国陆军的制服帽于 1830 年问世。

船形帽
overseas cap
美国、俄罗斯等国家的军队向海外派兵时使用的软帽，其特点是没有帽檐，可以折叠，也叫国际帽。

空顶帽
sun visor
可以让眼睛免受阳光直射的防晒用帽，结构比较简单，由一条固定带和帽舌组成。常用于高尔夫、网球等运动，也叫太阳帽、遮阳帽。

伊顿帽
Eton cap
一种前侧带有小帽檐，与头部紧密贴合的圆形帽子，源自英国伊顿公学的制服帽。

学位帽
mortar board
帽顶由一块方形板构成的帽子，帽子正中缀有黑色流苏，沿帽檐自然下垂。十四世纪开始作为大学、研究所的制服帽。

托克帽
toque

中世纪的贵族女性佩戴的圆形浅帽，多带有网纱装饰。

晚礼服帽
cocktail hat

所有搭配晚礼服、鸡尾酒礼服佩戴的帽子的统称，一般会采用和礼服相同的材质制作，多带有蕾丝、缎带、羽毛等装饰物。托克帽就是一种十分常见的晚礼服帽。

塔布什帽
tarboosh

一种无帽檐、圆筒形的帽子，帽顶多带有流苏，也叫土耳其帽、菲斯帽。

苏格兰便帽
glengarry

一种无帽檐的羊毛毡软帽，是苏格兰高地的传统帽子，也是一种军用帽。

埃宁帽
hennin

一种流行于十四世纪的圆锥形帽子，帽顶多带有长长的纱巾或麻布等装饰，也叫亨尼帽。hennin即犄角之意。

夏普仑
chaperon

一种中世纪欧洲地区佩戴的形似头巾的帽子，帽顶垂有长布。

凯普费来
Kepufere

在德国施瓦尔姆施塔特周边地区，未婚女性佩戴的一种杯形红色发饰。据说格林童话《小红帽》的传播就与这种发饰有关。

小丑帽
clown hat

马戏团的小丑戴的帽子，以一种形似喇叭的圆锥形帽为主。

水手冬帽
watch cap

一种与头部紧密贴合的针织帽，海军士兵在放哨时戴的帽子，没有帽檐，可以最大限度地保证视野的开阔。

苏格兰针织帽
tam

一种棉质针织帽，特别是由红色、黄色、绿色、黑色四种颜色组成的帽子在雷鬼音乐爱好者间非常受欢迎。

飞行帽
flight cap

指在驾驶飞机或摩托车时所佩戴的一种护耳帽。飞行帽有很好的防寒、防风效果，通常搭配护目镜使用。现在市面上也有很多可爱、漂亮的女式飞行帽。

斗笠
coolie hat

一种外形似伞，帽檐宽大的圆锥形帽子，可遮光挡雨。帽顶与头顶之间留有空隙，透气性好。起源于中国古代，用竹篾和油纸或竹叶、棕叶编织而成，现在多为尼龙材质。

斗笠形渔夫帽
chillba hat

由斗笠改良而来，可折叠，多用比较柔软的布料制作而成。帽顶与头顶之间留有空隙，透气性好。美国KAVU公司生产的斗笠形渔夫帽最为知名。

双角帽
bicorne

一种两侧带有折角的帽子，因被拿破仑佩戴而被世人熟知，故又名拿破仑帽。可横向佩戴，也可纵向佩戴。又名二角帽、考克帽等。

弗里吉亚帽
Phrygian cap

一种圆锥形软帽，帽尖一般折向前方，主要为红色。在古罗马，被解放的奴隶佩戴弗里吉亚帽象征着摆脱奴役。法国大革命时期，弗里吉亚帽为革命的主要推动阶层所使用，因此也被称为"自由帽（liberty cap）"。

哥萨克皮帽
Cossack cap

指俄罗斯哥萨克士兵佩戴的一种无檐皮帽，与带有护耳的雷锋帽外形十分相似。

雷锋帽（苏联毛帽）
ushanka

一种用动物皮毛制成的、带有护耳的无檐帽。保暖性非常好，被俄罗斯军队用作军帽。它与没有护耳的哥萨克帽外形十分相似，也叫俄罗斯帽。

浣熊皮帽
coonskin cap

一种用浣熊的皮毛制成的、带有尾巴的圆筒形帽子。曾被美国大卫·克洛科特（Davy Crockett）佩戴，因此又称作"大卫·克洛科特帽"。

卷边（帽）
roll cap

多指边缘向外侧卷起的棉质针织帽，也可指这种设计本身。

头盖帽（瓜皮帽）
calotte

一种紧密贴合头部的半圆形帽子。可作为头盔等的衬帽来使用。

头巾帽
turban

中东或印度部分男性使用的一种头饰。将一条麻、棉或绸缎材质的长布裹在头上佩戴。通过卷布的方式制成的帽子也称作"turban"。

阿拉伯帽
kufiya

指阿拉伯半岛地区的男性佩戴的一种帽子或头部用品，由圆环和布组成。圆环由山羊的羊毛等制作而成，叫作"伊卡尔"或"噶卡尔"。戴法多种多样，红白相间的花纹最具代表性。

帕里帽
pagri

一种通过在草帽上缠绕棉布制成的帽子，多余的布料在帽子后方自然下垂。它属于头巾帽的一种，有防晒的作用。

希贾布

hijab

某些穆斯林女性在公共场合佩戴的头巾。

尼卡布

niqab

一些国家中的穆斯林女性在公共场合佩戴的面纱，多为黑色。niqab 在阿拉伯语中是口罩的意思。

温帕尔头巾

wimple

指欧洲中世纪的女性使用的一种可以遮挡头部、侧脸和脖颈的头巾，近代以来可见于修女服。

巴拉克拉法帽

balaclava

可以覆盖整个头部和脖子的服饰用品（帽子）。主要起防寒的作用，种类多种多样。有的仅在眼部开口，有的则会把鼻子和嘴也露出来。

显瘦穿搭❷

薄透外衣与内搭

当穿着比较薄透的外衣时，如果里面穿的内搭颜色较浅，会显胖。这时推荐选择颜色较深、亮度较暗的内搭，可以使身体线条更加明显，这样不仅更能展现女性的魅力，还具有显瘦的效果。

小礼帽
facinator

指在发夹或梳子上装饰有蝴蝶结、蕾丝、羽毛等物品装饰性较高的发饰。可作为女性出席正式场合、晚宴时的帽子或发饰来使用，与晚礼服帽（p118）的作用基本相同。

发夹
barrette

固定头发的用具，起固定作用的部分多为金属材质。上面常带有塑料、金属、皮革或陶瓷制品的装饰物。

鲨鱼夹
claw clip

将头发横向夹起、固定的夹子，中间是一个弹簧合页，多为左右对称的结构。

马尾夹
tail clip

扎马尾专用的发夹，可将头发扎成一束，能避免产生橡皮筋或缎带束发时在头发上留下的痕迹。

发簪
hair clasp

固定头发的用具，由一个半圆形护盖和一根细棒组成。据说是由古代的发叉发展而来。

插梳（发叉）
comb

类似于梳子的薄梳发饰，主要用于装饰，也可起到固定头发的作用。

发圈
scrunchies

外侧带有甜甜圈形装饰布的皮筋，相比于黑色橡皮筋，装饰感更强。

发箍
headband

用有弹性的树脂或金属材质制成的圆弧形发饰。款式多样，多用玻璃珠、施华洛世奇水晶、缎带等装饰。

发带
hairband

部分或整体由皮筋制成的发饰，与发箍的佩戴效果相似。

饰边发箍
brim

带有荷叶边装饰的发箍，常见于女仆装扮，一般为白色。brim 原意指帽檐。

皇冠
tiara

镶满了宝石的皇冠式女用发饰、头饰，一般为环形或半圆形，后侧无装饰。

鸭嘴夹
crocodile clip

形如鸭嘴的发夹，有固定头发的作用，也叫鳄鱼嘴夹。

BB 夹
hair snap clip

三角形或菱形的发夹，多为金属材质，有固定头发的作用。

U 形夹
U hair pin

呈 U 字形的发夹，一般为金属材质，在扎丸子头等需要将头发向上收起的发型时经常使用。

一字夹
hair pin

上短下长，上层呈波浪形、前端微微上翘的金属发卡。一般比较细小，在英国等地也被称作"小发卡（hair grip）"。

显瘦穿搭❸

宽松上衣与紧身裤

有时，想要将全身的线条都展现出来是需要很大的自信与勇气的。宽松的上衣，下半身搭配暗色系的紧身裤（p59）或弹力打底裤（p61），能很好地隐藏上半身的身形，留给人无限遐想，从而达到显瘦的效果。

发（髻）网
chignon cap

指可以将马尾或发髻罩住的网兜，chignon即发髻之意。

借用细长的项链转移视线

通过佩戴与上衣颜色不同的细长项链或领饰，可为整体搭配增加亮点。同时，饰品的细长线条会起到内收身体曲线的效果，使人看来更苗条。

耳罩
ear muffler

一种耳朵专用的防寒护具，外形似耳机，多用毛绒材质装饰，以增加设计感和防寒效果。原本是一种用来保护耳朵不被噪声伤害的隔音护具。

横条纹与竖条纹

同样是条纹，相比横条纹，竖条纹有纵向拉伸的视觉效果，可以使人看起来更瘦、更高。如果喜欢柔和一点的横条纹，建议选择宽松版型的，以留给人更大的想象空间，从而起到一定的显瘦作用。

在腰部添加饰物

穿着膨胀感强的浅色连衣裙时，相比借用衣服的宽大来掩盖体形，在腰部系上一根腰带会更出色。这样不仅不会破坏整体的效果，还可以突出身体曲线，显得更加干净利落，具有美感。

暗色系的内搭和下装

穿着较厚的膨胀色系外套时，建议选用颜色较暗的同色系内搭和下装，有纵向拉伸身体线条的效果，从而使人看起来更加紧致、苗条。

白色系七分裤

在炎热的季节，很多人喜欢穿白色等看起来比较清爽的浅色裤子，但白色属于膨胀色，会使人显胖。在穿着白色裤子时，建议选择七分裤或八分裤（p66），露出脚踝，使腿部线条看起来更加漂亮。

法式书包
lycée sac

带有提手的长方形双肩背包，因曾被法国高中女生用作书包而得名。lycée 在法语中意指公立高中。

长形书包
satchel bag

底部平整，顶部带有提手的长方形包。它是英国传统的学生书包，也可指以此为基础改良的商务用包或旅行包。有的带有肩带，可以斜挎在肩上。电影《哈利·波特》（*Harry Potter*）的主人公使用的就是这种书包。

手风琴包
accordion bag

底部和侧边部分呈层叠状，能够调节厚度的包。因可以像手风琴一样伸缩而得名。

编辑包
editor's bag

一种尺寸较大的皮革制包，多为长方形，A4纸大小，提手较长，可挎在肩上。因经常被国外时尚杂志的编辑使用而逐渐为人们所熟知。

诺瓦克包
Novak bag

以活跃于二十世纪五十年代的女演员金·诺瓦克（Kim Novak）为灵感设计的包。2005 年，英国服装设计师亚历山大·麦昆（Alexander McQueen）设计发表了该作品。

香奈儿包
Chanel bag

用皮革进行绗缝（p166）加工而成的皮包，背带部分由金属链条和皮带组成，带有香奈儿的标识。香奈儿包由法国香奈儿（CHANEL）公司生产，是高级包的经典代表。

凯利包
Kelly bag

法国爱马仕（HERMES）公司生产的皮包，整体呈梯形，顶部带有用皮带和锁扣固定的小翻盖。摩纳哥王妃格蕾丝·凯利（Grace Kelly）曾用其来遮挡孕肚，展现出了妩媚的女性美。爱马仕公司以此为契机，取得了凯利王妃的授权，将这种包命名为了"凯利包"。凯利包也是现代手包中极具代表性的款式，以爱马仕公司所生产的最为高级和知名。

铂金包
Birkin

一款收纳功能强大的梯形皮包，顶部带有用皮带和锁扣固定的小翻盖。铂金包同样由法国爱马仕（HERMES）公司生产，是一款非常知名的高级包，最初是专门为法国女歌星简·铂金（Jane Birkin）定制的私人包，后作为常规商品流通。因其结构复杂，制作困难，所以当时能否作出铂金包，是工匠们技艺水平的重要衡量标准。不过后来，其他厂家生产的类似设计的包在市场上也十分常见。

菱格包
quilting bag

在表里之间用海绵、羽毛等填充后，再用绗缝（p166）手法制作的包。现在，这种压线更多是一种装饰。多为方形。

奶奶包
granny bag

一种带有褶皱装饰的圆角包，多带有刺绣等装饰，有很强的年代感。材质柔软，形状自由多变，容量大。

肯尼亚麻绳包
Kenya bag

用剑麻、香蕉树皮、猴面包树皮的纤维制作的麻绳编织的包，呈半圆形，可挎在肩上。多带有极具民族特色或异域风情的花纹，每个部落都有自己独特的设计，有很强的休闲度假感，非常结实耐用。肯尼亚麻绳包设计多样、功能性强，容量大，是一种很好的地方特产，经常出口至欧洲等地和日本等国家。因主要由剑麻制作而成，故而又名"剑麻包"。

果冻包
jelly bag

用橡胶或氯乙烯树脂（PVC树脂）制作的材质特殊的包，多为半透明。色彩鲜艳，光泽感强，具有防水功能，可用来放置泳衣等，曾在2003年十分流行。

水桶包
bucket bag

一种通过抽绳来开合包口、形似水桶的包。

流浪包（新月包）
hobo bag

一种月牙形的肩包，名称源自流浪汉的行囊。现在那些皮质柔软松垮、呈新月状的包都可以称为"流浪包"。hobo 即求职中的流浪汉之意。

晚宴包
evening bag

参加晚宴时使用的包，比实用型包要小，主要起装饰作用。

手包
clutch bag

一种没有提手的手拿包，不过宴会上使用的手包有时会带有金属装饰链。

化妆手包
minaudière

一种如手掌般大小的宴会用包，主要用来装化妆品等小物件。

信封包
envelope bag

带有翻盖的长方形包。外形像方正扁平的信封，手拿或者另附肩带。envelope 即信封之意。

鸡尾酒宴会包
cocktail bag

用于参加非正式宴会的小型手提包，可手拿或另附肩带。它是一种装饰用包，多为真丝、天鹅绒、皮革制品，带有刺绣、珠宝等豪华饰物。

奥摩尼埃尔
aumônière

带有装饰的小型手提包，多用丝绸或皮革制作。源自中世纪人们挂在腰间的小布袋——放在衣服里面的布袋演变为口袋，放在外面的则演变为现代的手提袋。

收口手提包
reticule

用束带收口的女式饰品袋。十八世纪末至十九世纪，在欧洲曾被当作裙子口袋的替代品。

套筒包
muff bag

防寒功能和装饰功能兼具的圆筒形包，两侧有开口，可将双手插入，多由动物皮毛制成。

水壶包
canteen bag

形似水壶或以水壶为模型制作的包，带有肩带，扁圆形。canteen即水壶之意。也叫圆形包（circle bag）。

造型包（托特包）
stylist bag

造型师、形象设计师用来携带工作用具、服装、小物件的大包。设计简单，容量大，可手提、肩背，使用非常方便。

医生包
doctor's bag

顾名思义，原本是医生外出看诊时用来携带药品和医疗器械的手拎包。多为皮质，包口有金属材质镶边，非常结实耐用，也是常见的通勤包、旅行包。

相机包
gadget bag

一种功能性用包，包上附有很多口袋，内部隔断较多，方便摄影师分类盛装配件，打猎时也经常使用。多带有肩带，可肩背。

滚筒包
barrel bag

所有外形像酒桶的圆柱形手提包的统称。容量非常大，通常作为运动包或旅行包。barrel即酒桶之意。

陶碗包
terrine bag

底部扁平的半圆形包，包口较大，多用拉链固定，结实耐用。因形似法国用来制作鹅肝酱的烹饪器具而得名。

麦迪逊包
Madison bag

一种塑料材质的学生用包。1968年至1978年由日本爱思（ace.）公司发售，在当时掀起了使用热潮，销售数量高达2000万，当然其中也掺杂了很多仿制品。

西装袋
garment bag

一种可以将衣服连同衣架一起收纳在内的袋子，便于携带衣物。出差或旅行时会经常用到，可以有效防止衣物起褶。garment 即衣服之意。

邮差包
messenger bag

一种斜挎在背后或腰间的单肩背包，包口宽大，可以将文件平放在内。它以邮差使用的包为原型设计而成。即便是十分拥堵的街道，邮差们背着这种背包也可以骑着自行车自由穿行。

烟草包
medicine bag

原本是人们用来随身携带烟草、草药等的袋子。现在指悬挂在腰上的小包，多为皮革制品。

镁粉袋
chalk bag

攀岩、登山时挂在腰上，用来盛放防滑粉（镁粉）的小袋子，也可以用来放置随身小物件。

腰包
waist bag

一种带有腰带、可固定在腰间的包，体积较小。常用皮革、合成纤维、印花牛仔布等面料制作。固定在腰间的设计可以解放双手，让活动更加自如。运动、旅游、日常工作均可使用。

马鞍包
saddle bag

安装在马鞍、自行车或摩托车座椅上的包，或类似这种形状的包。法国迪奥（Dior）公司生产的马鞍包最为有名。

拉杆包（箱）
trolley bag

带有拉杆和滚轮的购物袋或行李箱，可以手提或拖动。拉杆部分具有伸缩功能，以方便人们行走时拖着箱子，减轻负担。

筒形包
duffel bag

细长的圆筒形单肩背包，用绳、带等束口。一般为军用或负重用包，多用皮革或帆布等较为结实的材质制作而成。

双肩背包
rucksack

背在双肩上的背包的统称。根据大小、用途可细分为一日双肩包、登山背包、运动双肩包、束口双肩包等。

一日双肩包
daypack

双肩背包的一种，比普通背包略小，因能装下一天内所使用的物品而得名。

登山背包
sack

双肩背包的一种，容量较大，常于登山等需要携带大量行李时使用。sack 通常意指麻袋、袋子。

抽绳束口双肩包
knapsack

双肩背包的一种，多为布制，通过抽绳束口。

行李袋
luggage bag

用帆布或麻布等结实的布料制作的圆筒形布包。源自军队、船员等使用的杂物袋，有单肩竖款和手提横款两种，横款多用作运动包。

购物袋
carrier bag

顾名思义，即购物时所使用的袋子。袋身上一般会印有店铺的名称、标志等，不同品牌的购物袋，设计也不同。用来装商品的小纸袋也叫购物袋。

食品打包袋（盒）
doggy bag

特指可以帮客人将剩下的饭菜打包带走的袋子或容器，与专门用来外带食物的容器、袋子不是同一种。doggy 意为小狗的、小狗用，最初是指一种为小狗打包剩菜的袋子。

蒂皮特披巾
tippet

用动物皮毛、蕾丝、丝绒等材质制作的女式领饰、披肩。

小斗篷
capelet

一种长至肩膀以下的短斗篷。斗篷型育克（p139）有时也可指这种小斗篷。

围巾圈
snood

一种环形防寒用具，属于围巾的一种，相比围巾，更不容易脱落。较长的围巾圈可以叠合成数层，也可以像围巾一样直接垂下，佩戴方法多样。

阿富汗围法
Afghan maki

一种围巾的佩戴方法。最基础的戴法是将围巾沿对角线折叠，在脖子前方系成倒三角形。一般选用带有流苏（p143）的方巾。

阿斯科特领带
ascot tie

一种宽而短的领带，起源于英国皇家阿斯科特赛马会。一般系在翼领（p18）或意式领（p16）衬衫里面，多搭配晨间礼服使用。

平直领结
club tie

蝴蝶领结的一种，蝴蝶结呈水平直线形，两端同宽。因经常被俱乐部（club）的管理员或服务员佩戴而得名。club 也有棒状物之意。

翼形领带
wing tie

一种两端呈翼形的蝴蝶领结。

十字领结
cross tie

领结的一种，将一条平直的缎带在领子前方交叉，并用别针固定。可看作是简略版的蝴蝶领结，通常搭配简礼服使用。

襟饰领带
stock tie

在骑马或狩猎时，围
在脖子上的带状领
饰，可在胸前或背后
打结固定。

大蝴蝶结
lavallière

较大的蝴蝶结形领
饰。

克拉巴特领巾
cravate

缠绕在脖颈上的布状
领饰，源自克罗地亚
骑兵所佩戴的领巾。
领带就是由这种领巾
发展而来，cravate
即克罗地亚骑兵。

线环领带
loop tie

用装饰性锁扣固定的
线形领带，作为领带
的替代品而开始被人
们熟知并使用。

花插
flower holder

一种别在外衣领子的
扣眼上，用来固定鲜
花的装饰小物件，可
在里面注入少量的
水，以使鲜花持久保
鲜。

项圈
choker

紧贴颈部的环状饰
品，可看作较短的项
链。项圈的种类很
多，可以单纯只是一
条带子，也可以在上
面添加宝石等华贵的
装饰。choker 意指将
脖子勒紧。

饰腰带
sash

一种较宽的装饰性腰
带，多用柔软、有光
泽的布料制作。其使
用方法多种多样，可
以直接打结使用，也
可以搭配皮带扣，或
者折出褶皱，呈现出
立体效果。

紧身带
waspie

可以缩小腰围的紧身
装饰带，多由布或皮
革制成，有些带有可
与丝袜连接的吊带。

腰封
cummerbund

一种布制宽腰带，多与领结一起搭配晚礼服。一般不与马甲同时穿着。其中黑色为最正式的颜色，红色和橙色等也较常见。下装不能使用腰带，而是选择背带裤。

耳骨夹
ear cuff

佩戴在耳朵中间位置的环形饰品。最初的耳骨夹多为金属制品，设计简洁，随着受欢迎程度增加，其款式也越来越多样，装饰性也变得越来越强。

幸运编绳
missanga

用刺绣线编织的、缠绕在手腕上的结绳，色彩鲜艳，有的带有刺绣或串珠装饰。幸运编绳起源于危地马拉，据说佩戴到绳子断裂，心中的愿望即可实现。

脚链
anklet

佩戴于脚踝部位的环形装饰。除了有装饰作用外，还可当作护身符。双脚佩戴的意义不同，左脚佩戴代表已婚或用以辟邪，右脚佩戴则代表未婚或期盼实现愿望。

臂钏
armlet

佩戴在上臂的、无锁扣开放式饰品。款式多样，多为金属材质，戴在手腕位置的又称作"手链"。

袖箍
arm suspender

可以用来调节衣袖长度的部件，是一根两端带有金属夹的橡胶棒。

吊袜带
garter belt

一种防止过膝丝袜下滑的防护用具，一般为女性用品。吊袜带固定在腰间，下面前后左右垂有四条绳带，末端带有夹子，将丝袜固定好后可在外侧穿短裤。

袜环
garter ring

一种防止过膝丝袜下滑的环形防护用具，一般为女性用品。袜环大多是两个一双，但为了提高其装饰性，也可只在一侧佩戴。

眼镜、太阳镜

圆眼镜
lloyd glasses

一种镜框较宽、镜片呈圆形的眼镜，是美国著名喜剧演员哈罗德·克莱顿·劳埃德（Harold Clayton Lloyd）经常在电影中佩戴的眼镜。一开始，切割镜片的技术并不成熟，所以生产出的圆形镜片就直接被拿来做成了眼镜。圆眼镜一般适合脸部线条感强、轮廓分明、小脸的人士，同时很受艺术家和年长者的喜爱，著名音乐家约翰·温斯顿·列侬（John Winston Lennon）就是一名圆眼镜爱好者。

夹鼻眼镜
pince-nez

流行于十九世纪的眼镜，没有耳架，可夹住鼻子以提供支撑。

长柄眼镜
lorgnette

一种没有耳架、带有手柄的眼镜，需要用手托住才能使用。过去，在正式场合中戴眼镜是一种不文明的行为，所以人们在观看歌剧时才会使用这种眼镜，也是一种常见的老花镜款式。

圆框眼镜
round glasses

镜片为圆形的眼镜或太阳镜，与圆眼镜基本相同。圆框眼镜复古感十足，可以让面部线条更显柔和。较大的圆框太阳镜还有着非常好的瘦脸效果，小圆框眼镜则会给人一种知性、职业、艺术气息十足之感。

惠灵顿眼镜
Wellington glasses

上缘比下缘稍长的圆角眼镜或太阳镜，耳架位于镜框的最上端。曾在二十世纪五十年代十分流行，现在著名演员约翰尼·德普（Johnny Depp）使其再次流行起来。

列克星顿眼镜
Lexington glasses

指上缘比下缘稍长，整体呈方形，镜框上部较粗的眼镜或太阳镜。

半框眼镜
sirmont glasses

仅上半部分有框架，两镜片之间用金属搭桥连接的眼镜或太阳镜。因镜框可以修饰和强调眉毛，所以也叫眉框眼镜。

波士顿眼镜
Boston glasses

呈倒三角形的圆角眼镜或太阳镜，据说因曾在美国东部城市波士顿流行而被命名。其柔和圆润的线条，给人亲切、随和之感，同时它也是一款颇具复古感的眼镜，可使佩戴者看起来更加知性、稳重，镜框较粗的还有瘦脸效果。不过，这款眼镜十分挑人，适合的人非常适合，不适合的人戴起来则很不协调。著名个性派演员约翰尼·德普（Johnny Depp）就非常喜欢佩戴波士顿眼镜。

猫式眼镜
fox type glasses

指眼角上扬，容易让人联想到狐狸或猫的眼镜。小镜片知性，大镜片优雅性感，曾是玛丽莲·梦露（Marilyn Monroe）生前经常佩戴的眼镜。

椭圆眼镜
oval glasses

镜片为椭圆形的眼镜或太阳镜，温润的线条带给人柔和、亲切之感，粗框的椭圆眼镜非常受女性喜爱。小镜片、金属边框的椭圆眼镜则会带给人知性之感。

泪滴形眼镜
teardrop sunglasses

形如泪滴的眼镜或太阳镜。其中高端眼镜品牌美国雷朋（Ray-Ban）所生产的泪滴形眼镜最为经典，美国的麦克阿瑟（Douglas MacArthur）将军就曾带过这种眼镜。适合脸型长的人佩戴，也叫蛤蟆镜。

巴黎眼镜
Paris glasses

呈倒梯形的眼镜或太阳镜，比泪滴形眼睛的镜片更接近方形。

蝶形眼镜
butterfly glasses

镜片从内向外逐渐变宽的眼镜或太阳镜，因形似双翅展开的蝴蝶而得名。宽大的镜片将眼睛完全覆盖，可以有效地抵御紫外线，有很强的休闲度假感，非常受欢迎。

八边形眼镜
octagon glasses

指呈八边形的眼镜或太阳镜。八边形眼镜颇具复古感，并且十分百搭，适合任何脸型。

方形眼镜
square glasses

镜片呈长方形的眼镜或太阳镜。

无框眼镜
rimless glasses

没有镜框，镜片只用耳架固定的眼镜或太阳镜。耳架与镜片通过螺丝和镜片上打的孔进行连接。

下半框眼镜
under rim glasses

只有侧边和下缘镜框，没有上缘镜框的眼镜或太阳镜。该设计在老花镜中比较常见。

半月形眼镜
half moon glasses

镜片呈半月形、较小的眼镜。曾是一种读书专用眼镜，现在常见于老花镜的设计中。

一体式眼镜
single lens glasses

左右两片镜片连为一体，不通过镜框进行连接的眼镜或太阳镜。一体式眼镜可塑性非常强，可简约，可时尚，可运动，可奢华，可体现未来感，设计十分多样。

悬浮眼镜
floating glasses

镜框的两侧向后深深弯曲，镜框与镜片之间有较大空隙的眼镜或太阳镜，镜片看起来像是悬浮在空中。

夹片式太阳镜
clip-on sunglasses

外侧带有可拆式偏光镜片的眼镜，一般可直接向上掀开。当作太阳镜使用时可将外侧偏光镜放下，想要更好的光线通透度时则可将其掀起。

折叠眼镜
folding glasses

为方便携带，可进行折叠的眼镜或太阳镜，一般可折成一个镜片的大小。

胸饰（衬衫）
shirt bosom

指在前胸位置添加了褶皱等装饰，或做挂浆处理使其变得挺括的衬衫设计方式。也可指运用了这种设计的衬衫本身，多搭配晚礼服等正装穿着。

挂浆胸饰（衬衫）
starched bosom

呈U字形或长方形的胸饰，用与衬衫本体相同的布料制作而成，也可指使用了这种设计的衬衫本身。多用于礼服衬衫。starched 即为挂浆、上浆之意。

褶片胸饰（衬衫）
pleated bosom

一种褶皱胸饰，也可指带有这种设计的衬衫。多用作礼服衬衫，其中褶皱宽度为1厘米的褶片衬衫最为正式。

褶边胸饰
plastron

用在女式衬衣、裙装、罩衫等衣物上的胸饰，多用荷叶边或蕾丝等进行装饰。plastron 最初指的是十九世纪用以保护胸部不受伤害的胸甲，但在服饰和时尚圈，则一般用来表示胸饰；也指击剑运动中的护胸。

三角胸饰
stomacher

十七至十八世纪，用于女性长裙胸前的三角形胸饰，多装饰有华丽的蕾丝、缎带或者宝石，一般用别针等固定，可随时更换。

镂空
cut-out

将布料挖空，露出肌肤或打底衣的裁剪手法，多用在鞋子或上衣的领子周围。在网眼内侧添加刺绣镶边，也是一种镂空手法，英文写作"peekaboo"。

围兜式育克
bib yoke

育克又称过肩，指上
衣肩部的双层或单层
布料。围兜式育克指
看起来如同儿童围兜
一般的育克。bib 意
指围兜、围嘴。

斗篷型育克
cape shoulder

形似斗篷的育克，或
类似设计，有时也可
指代小斗篷（p132）。

暗门襟
French front

指可以将纽扣或拉链
隐藏起来的双层门襟
设计。常见于大衣或
衬衣的设计，可以使
领子周围和胸前看起
来更加干净利落。

袖标
sleeve logo

指在长袖上衣的袖子
上加入品牌等标志的
设计手法。一般多与
比较可爱的图案搭配
使用，以中和太过强
烈的休闲感和街头
感。

背扣
cinch back

位于裤装后侧腰部与口袋之间的扣带，主要用
于工装牛仔裤和西装裤。背带可固定在背扣上，
使裤子更加贴身。现代的背扣多为装饰，材质
和设计也更加多样。通过使用背扣，可使衣服
看起来更具复古感。cinch 意为马鞍肚带。

腰头搭袢
adjustable tab

设计在裤子或夹克腰
部的搭袢，有调节衣
服尺寸的作用，也有
一定的装饰性。

铁锤环
hammer loop

指缝制在工装裤、画
家裤口袋缝口处的布
带，最初用来悬挂锤
子等工具。

底领
collar stand

连接领口与领翻的部位，也叫领基。如果底领较宽，领子会紧贴颈部；如果没有底领，即为平翻领（flat collar），贴于肩膀上。

吊襻
hanging tape

指外套等衣物后方领子内侧的小吊环，可用其将衣服挂在挂钩上。有时上面会织入品牌或厂商的名称，这时也可叫作"吊牌"。

领卡
collar chip

用于领子尖端的装饰品，多为金属材质，可拆卸，常用于西部衬衫（p44）等。

串口
gorge

指衣领的上领和下领拼接处形成的接口，这条拼接线叫作"串口线（gorge line）"，常见于西装的领子。gorge 意指咽喉、食道，在这里延伸为可将衣领立起来的位置。

翻领扣眼
lapel hole

设置在衣领上的扣眼，可用来放置装饰用的小花束，也可以用来佩戴徽章等。有时也只是作为一种装饰，这时的扣眼是不打开的。

领襻
throat tab

位于领子或领嘴处的小襻，上面有扣眼，可以通过纽扣将领子固定在脖颈附近。常见于诺福克夹克（p80）等户外外套。

肩襻
epaulet

装饰在服装肩部的小襻，通常没有实用功能，只作为装饰或标志。肩襻最早出现于十八世纪中期，据说曾是英国陆军用于固定枪支和望远镜的部件。现代多用于制服、礼服等，以标明军衔或官职，也可用于普通外套，例如战壕风衣（p88）、狩猎夹克（p82）等。

侧缝带
side stripe

裤子侧缝处的带状设计，一般为一条或两条。这种装饰源自拿破仑军队的军服，最基本的用法是用于礼服裤，常用一条装饰。现代在运动服、训练服等制服上也较常见。

怀表袋
watch pocket

位于裤子上部右前方的小口袋，曾被用来放置怀表，现在主要起装饰作用。

盖式口袋
flap pocket

上方带有袋盖的口袋，设计初衷是防止雨水进入口袋，在现代主要起装饰作用。一般使用与衣服相同的布料制作，有些还可以将袋盖收纳进口袋内。

暖手口袋
muff pocket

指位于上衣前腹部、可以从两侧将双手插入的口袋，其设计初衷是给双手保暖。如果袋口被设置在胸部下方，还可以称作"袋鼠兜"。

袋鼠兜
kangaroo pocket

所有位于前胸腹部口袋的统称，因容易让人联想到袋鼠的育儿袋而得名。多用在围裙和背带裤、背带裙（p69）上。

零钱袋
change pocket

一种设置在外套右侧口袋上方的小口袋，用于存放零钱、车票等小物件，常见于尺寸较长的英式西装。change 即零钱之意。

卷边
roll up

指将袖子或裤脚挽起来，也可指能达到同样效果的设计手法。

绲边
piping

指将衣服或皮革制品的边缘用窄布或胶布进行包裹的处理手法，也可指布条或胶布本身。绲边可以对制品的边缘起到一定的保护作用，同时也具有一定的装饰性。

毛边

frayed hem

牛仔裤等在裁剪后，裤脚不做折边或缝合处理，不加修饰，是一种休闲感非常强的设计。frayed 意为磨损、磨破，hem 即衣服的边缘。

长摆

train

指坠在连衣裙或半身裙后面的拖地裙摆，现在主要在结婚仪式或成人礼中使用。在十二世纪的欧洲宫廷中，裙摆越长，代表身份越尊贵。

两件套

layered

即将两件衣服叠穿，也指可进行叠穿的衣服本身。这种穿法常见于透视装，内外两件衣服长度和材质的差异一般比较大，给人带来强烈的视觉效果。

缎面驳头

facing collar

晚宴服或燕尾服领子的一种设计形式。原本为绸缎材质，现在也可用涤纶布料代替，也可称作"真丝驳头（silk facing）"。

枪垫

gun patch

覆盖在肩膀处的垫布，是为防止架在肩膀上的枪支磨损衣物而添加的防护用具。一般由皮革等结实的材料制作而成，常见于射击服的左右两肩。

高肩

high shoulder

可以使肩膀位置看起来更高的设计，或使用了该设计的衣服。一般通过在肩膀内侧放置垫肩或使肩部膨起实现。

翘肩

roped shoulder

把袖山处稍微提高，使袖顶与肩膀相比略微凸起的肩型，可见于西装外套（p81）。通过在肩部内侧放置支撑物来实现，也叫堆高肩（build up shoulder）。

中心箱褶

center box pleat

指在衬衣背部中间位置的箱形褶裥，其目的是给肩膀、胸部周围留出空间，便于活动。有的箱褶上方会带有一个细环，用于挂置衬衣。

背衩
vent / vents

在大衣和夹克的后下摆处添加的开衩设计，可以使身体活动更自如，也具有一定的装饰性。上图中这种位于中间位置的叫作"中央背衩"，位于侧面的叫作"侧摆衩"。

掐腰
pinch back

通过添加褶皱等使轮廓线条更显利落、有收腰设计的外套，也可指添加了收腰设计的部位。

裥
tuck

把布料捏成小块，折叠并缝合形成的褶皱。可以使衣服更具立体感或更贴合身体，常见于裤装或裙装的腰部。不具有装饰性，整个褶皱直接缝合的叫作"省"。

省
darts

在衣服上通过辑缝得以消失的锥形或近似锥形的部分。这是一种可以使衣服更具立体感或更贴合身体的制衣技术。根据部位可分为肩省、领省、腰省、腋下省、侧省等。

流苏
fringe

通过将丝线、细绳捆扎成束或缝制成缨穗状形成的装饰。在布料或皮革的边缘进行连续裁剪所形成的带状细条，也可叫作"流苏"。流苏最早起源于古代东方，当时所佩戴的流苏越多，身份越高贵。除了具有装饰作用外，将布料的边缘做成流苏也起到一定的遮盖作用，以隐藏起不想被人看清的部分，常见于窗帘和围巾等的设计中，也是泳装、外套、鞋子、包等设计中使用频率非常高的装饰手法。

荷叶边
flounce

一种宽大飘逸，外形似荷叶的褶皱装饰，多用于衣服的边缘。

褶边
frill

使用于衣服边缘位置的褶皱装饰，一般由蕾丝或柔软的布条制成。常见于衣服的下摆、领口或袖口。褶边是洛丽塔服装中经常使用的装饰手法。

抽褶
shirring

把布料抽出细小的褶皱，将服装面料较长较宽的部分缩短或减少的面料处理技术。其表面凹凸起伏，更具立体感，从而使服装舒适合体，同时又增加了装饰效果。抽褶广泛运用于上衣、裙子、袖子等服装部件的设计中。

水晶褶
crystal pleat

风琴褶的一种，水晶褶的褶皱更加细致而密集，因看上去像水晶而得名。常见于雪纺材质的礼服或裙装。

勃兰登堡
Brandebourgs

指军装等门襟附近横向平行排列的，用以固定纽扣的装饰性条带。Brandebourgs 是德国的一个城市。

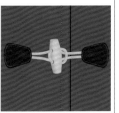

扇贝曲牙边
scallop

通过裁剪或其他处理技法制作出的一种由连续的半圆组成的波浪形饰边，因形似排列成一排的扇贝壳而得名。这种饰边除了具有装饰功能外，还能起到防止服装边缘脱线等的加固作用。这种处理方法常见于衬衫和裙子的蕾丝镶边，可以更好地展示女性的优雅气质与魅力。除服装外，在窗帘和手帕上的使用频率也较高。

栓扣（牛角扣）
toggle button

木头、竹子、牛角、树脂等制作的形似牛角的纽扣用绳索固定的纽扣形式，常见于毛呢大衣。toggle 也可指通过左右滑动来进行开合的纽扣。

搭扣
clasp

所有和纽扣一样有固定作用的金属环扣的总称。

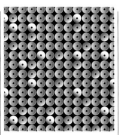

人造宝石
bijou

模仿宝石制作的装饰品，主要用于服装、鞋、包等，在凉鞋上比较常见。bijou 意为珠宝、小玩意儿等。

铆钉
studs

原意为金属材质的图钉、大头钉、铆钉等。在服装用语中专指起装饰作用的金属材质装饰扣。现被广泛应用于服装、鞋包、皮带等处。

亮片
spangle

带有小孔的金属片，常被缝制在布料表面，使其更具光泽感，有很强的装饰作用。亮片的角度不同，对光线的反射效果也不同，可塑性强，变化多样。英文还可写作"sequin"。

爱德华珠宝
Edwardian

指出现于爱德华时期的珠宝首饰，以白色为主，精致细腻，晶莹剔透，富有贵族气息。爱德华七世（Edward Ⅶ）是维多利亚女王的第二个孩子，Edwardian 也指诞生于那个时代的文化。

鸢尾花饰
fleur-de-lis

以鸢尾花为原型的饰品或设计。鸢尾花形的徽章是法国王室的象征。在欧洲，鸢尾花也经常被用来设计成各种徽章或组织的标志。鸢尾花饰是一种传统而古老、非常具有神秘感的花纹。在法国，通常代表着皇室至高无上的权利。过去也曾是专门烙于犯人身体上的花纹。

睡莲纹饰
lotus

以睡莲为原型的饰品或设计。睡莲因其傍晚闭合、次日早上再次盛开的习性，在古埃及象征着永恒的生命，还被作为祭祀活动中的供品，也是神殿柱子上的装饰物。

棕叶纹饰
palmette

尖端呈扇形展开，以石松、肉豆蔻为原型设计的图案。后与蔓草图案相结合，在古希腊被广泛运用。

忍冬纹饰
anthemion

起源于古希腊的传统植物纹饰，花瓣向外侧弯曲，末端一般呈尖形。据说其原型来自忍冬和睡莲，在欧洲常被用于建筑、家具的装饰中。

流苏穗饰
tassel

一种穗状装饰物，多用于装潢、服饰等设计中。最初是用来固定斗篷的，现在多见于窗帘、鞋靴、包等的装饰中。流苏乐福鞋（p106）就是其中常见的例子。

冰镐扣
piolet holder

常见于背包外侧的皮革制品，上面带有两个平行的竖孔，可用来固定登山用的冰镐等，现在多起装饰的作用，实用性不高。在实际的使用过程中，用一条皮带穿过此孔，下端通过背包下方的镐环固定，然后将冰镐放入其中。

铝扣
copin

可将多只袜子固定在一起的卡扣，一般为铝制品，打开后形似圆规。

鞋带箍
aglet

包覆于鞋带等末端的金属或树脂圆筒状部件，主要作用是防止鞋带脱线，同时方便鞋带穿过孔洞，有些还具有一定的装饰作用。

显腿长穿搭

穿与皮肤颜色相近的鞋子

比起厚底鞋或高跟鞋，选择与皮肤或丝袜同色系的鞋子，在视觉上有更好的拉伸腿部线条的效果。

牛仔裤上的长条形褪色

紧身裤或比较贴身的牛仔裤在膝盖位置一般会比较修身，这样处理在一定程度上可以起到拉伸腿部线条的作用，在此基础上，如果再添加长条形的褪色，可以使双腿看起来更加修长。

提高切换口的位置

上半身与下半身的接口或切换口的位置越高，纵向线条的存在感就越强，人看起来就会更加苗条。如右图所示，当上衣与下装的颜色不同时，二者的切换位置越高，腿看起来就越长，高腰设计的裤装或裙装就可以轻松打造这种效果。但该设计也比较容易受流行趋势的影响。

方格纹（布）
gingham check

由白色或其他浅色打底，外加横竖同宽的单色条纹组成的方格形花纹，也是一款最基础、最简洁的格子花纹。方格花纹最初主要用作内里布料，但因其颇具特色的纹路看起来活泼有朝气、干净又明快，所以目前在衬衫、连衣裙、运动服、围裙、家装饰物等的设计中也十分常见，使用非常广泛。gingham 意指平织棉布，在过去还可指代条形花纹。

色织格子（布）
apron check

一种十分简洁的平织格子，与方格纹（布）基本相同，源自十六世纪英国理发店使用的围布图案。

同色系格子（布）
tone-on-tone check

使用相同色系、不同明亮度的颜色组成的格子，配色沉着稳重，使用广泛。

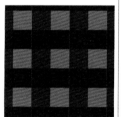

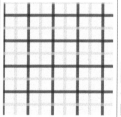

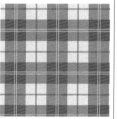

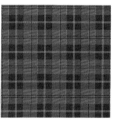

布法罗方格（布）
buffalo check

一种以红黑配色为主的大方格图案，常见于厚实的羊毛衬衫或外套。黄蓝配色的布法罗方格也较常见。

塔特萨尔花格（布）
tattersall check

由两种颜色的线交替组成的格纹图案，来自伦敦的塔特萨尔。

套格花纹（布）
overcheck

在较小的格子上重叠大格纹形成的花纹。格子明暗度的改变可增加休闲感。

苏格兰格纹（布）
tartan check

来自苏格兰高原地区的彩色格子图案，横竖同宽。颜色以红色、黑色、绿色、黄色为主。过去，人们的身份和地位不同，使用的颜色也不同。

豪斯格纹（布）
house check

一种品牌独创的颇具英式古典风情的方格花纹，种类繁多，与苏格兰格纹相似但不相同。在苏格兰小屋（The Scotch House）、博柏利（BURBERRY）、雅格狮丹（Aquascutum）等众多奢侈品牌中比较常见。

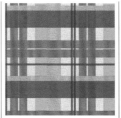

马德拉斯格纹（布）
madras check

以黄色、橙色、绿色等鲜艳的色彩组成的格子花纹。最初是以植物染色法制成的一种棉布。在现代，格子的宽度和颜色更加丰富，款式也更加多样。也叫印度格布。

阿盖尔菱形格纹（布）
argyle plaid

以斜线交叉的菱格组成的格纹或编织物，来自苏格兰阿盖尔的坎贝尔斯家族。这是一款十分经典的格子花纹，历史悠久，不易受流行趋势影响，在各种制服中较常见。

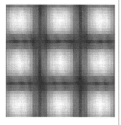

渐变色格纹（布）
ombré check

颜色深浅逐渐发生变化，或与其他颜色相互渗透、交叉所形成的格子花纹。ombré在法语中为浓淡、阴影之意。

对角格纹（布）
diagonal check

所有倾斜编织格子花纹的统称，倾斜角度通常为45°。diagonal即斜线、对角线之意。

斜格纹（布）
bias check

即倾斜编织的格子花纹，也可称作"对角格纹"。bias意为斜、偏。

小丑格（布）
harlequin check

主要用于制作小丑服的菱形格子花纹。

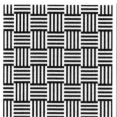

花篮格纹（布）
basket check

由纵横条纹相互交错形成的一种形如花篮的格子花纹。

窗棂格纹（布）
windowpane

以大面积底色加上细直线做出的格纹，方正简单，因形似窗棂而得名。它是英国传统图案之一，颇具复古感，清爽且高雅，常见于衬衫和裙装设计中。与表格式花纹基本相同。

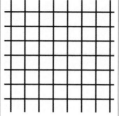

表格式花纹（布）
graph check

由细线组成的细格纹图案，因形似方格纸、表格而得名。复古感强烈，一般为双色，结构简单，易于搭配。也叫作"线格（line check）"，与窗棂格纹基本相同。

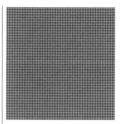

细格纹（布）
pin check

指非常细小的格子图案，也可指用两种颜色的线织出的十分细密的格子花纹。一般由两种颜色的线条纵横交错组成。

牧羊人格纹（布）
shepherd check

由黑、白两种颜色组成的格子图案，最大的特点是黑色和白色的交叉部分用斜线进行了填充。因最早被苏格兰的牧羊人使用而得名。

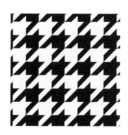

千鸟格（布）
houndstooth check

以猎犬的獠牙为原型设计的图案排列形成的花纹，花纹与底色的形状相同。千鸟格是起源于英国的一款十分经典的花纹，因容易让人联想到千鸟齐飞的场景而得名。最初千鸟格由细线纺织而成，但随着知名度的提高，现在采用印刷形式制作的也比较多。小型图案复古，大型图案时尚。多为黑白配色，目前棕色等其他颜色与白色组合的千鸟格也在逐渐变多。也叫犬牙纹。

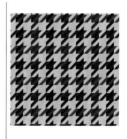

射击俱乐部格纹（布）
gun club check

由两种以上的颜色组成的格子花纹，因起源于英国的狩猎俱乐部而得名。主要用于制作复古款式的外套或裤子。

格伦格纹（布）
glen check

由千鸟格（p150）和发丝条纹（p157）等组合形成的花纹。加入了蓝色套格花纹的格伦格纹，又称威尔士格纹（The Prince of Wales plaid），这种格纹复古且绅士，是威尔士亲王的最爱，也因此得名。

黑白格纹（布）
block check

由黑白两色浓淡交替组成的花纹。黑白格纹简约有气质，同时又颇具复古感，是一款非常经典的花纹。

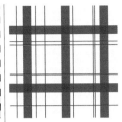

棋盘格纹（布）
checkerboard pattern

由两种颜色交替组成的正方形格纹，是一款历史十分悠久的花纹。最具代表性的配色为黑与白和藏青与白两种，赛车终点线所使用的旗帜就是这种花纹。

翁格子（布）
okinagoshi

在粗线条组成的格子中加入多条细线格子形成的图案。翁格子在日本是一种寓意很好的花纹，其中粗线代表老人，细线代表子孙，寓意子孙满堂。

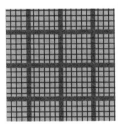

味噌漉格纹（布）
misokoshigoshi

在粗线组成的格子中，围有等距的细线格子，形成类似滤网的图案。因形似溶化味噌的厨具而得名，可以看作是翁格子的一种，也叫味噌漉缟。

业平格纹（布）
narihirakoshi

在菱形格纹中加入十字图案形成的花纹。小花纹*的一种，因被日本平安时代的贵族在原业平喜爱而得名。

*小花纹：通过将某一种细小的图案有规律地排列所形成的花纹的统称。

松皮菱（布）
matsukawabishi

在较大的菱形图案上下两端，重叠放入较小的菱形所形成的图案。小花纹的一种，因形似剥下的松树皮而得名，也叫中太菱。

菊菱（布）
kikubishi

一种菊花形的小花纹，曾是日本江户时代的藩主加贺前田家族的专用纹样。在日本，菊花图案多代表皇室与贵族，给人一种庄严高贵之感。

武田菱（布）
takedabishi

由四个小菱形组成一个较大的菱形花纹。这种把菱形分割的形式叫作"割菱"。武田菱的特征是小菱形的间距较小。曾是日本江户时代甲斐武田家族的专用纹样。

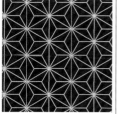

麻之叶（布）
asanoha

在一个正六边形中，带有六个顶端聚集在一点的小菱形的几何图案，因形似亚麻的叶子而得名。亚麻生长速度快且柔韧结实，所以麻之叶是一种寓意很好的花纹，寓意婴儿的平安出生和茁壮成长。

鳞模样（布）
urokomoyo

以鱼鳞为原型的等腰三角形按照规律排列形成的花纹。是一种十分古老的花纹图案，可见于日本的古坟壁画或陶器。

箭羽纹（布）
yagasuri

由箭翎图案排列形成的花纹，是十分古老的纹样，在日本和服中较常见。因射出去的箭不会再回来，所以在日本寓意婚姻长久。

七宝（布）
shippo

将圆形按照规律连续重叠所形成的花纹，看起来像是圆形和星形的不断重复。可以在图案的间隙再加入其他图案，得到花型更为丰富的图案。

龟甲（布）
kikko

将六边形按照规律排列形成的花纹，因形似龟甲而得名。乌龟象征长寿，所以龟甲纹是一种具有吉祥寓意的花纹。也叫蜂巢纹。

组龟甲（布）
kumikikko

一种形似龟甲的网纹图案，与龟甲（布）一样寓意长寿。

毗沙门龟甲（布）
bishamonkikko

将正六边形在每条边的中点位置加以重叠形成的图案，因曾被用于毗沙门天王（佛教四天王之一）的盔甲而得名。

青海波（布）
seigaiha

由多层大小不一的半圆按照规律排列形成的图案，形似波浪。据说起源于波斯萨珊王朝，经由中国传至日本，是日本古代宫廷音乐《青海波》演出服上的纹样。

纱绫形（布）
sayagata

通过将卍字拉长、拆分，然后按照一定规律排列形成的图案。寓意长长久久，是日本女性在参加喜事时穿着的礼服中使用频率较高的一种花纹。

桧垣（布）
higaki

仿佛将圆柏的薄片进行编织后形成的一种十分古典的花纹，可见于和服带子。

立涌（布）
tatewaku

波浪线按照规律纵向排列，并在间隙加入云朵、花、波浪等花纹。是日本自平安时代以来，极具代表性的官用纹样之一。

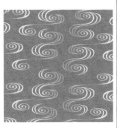

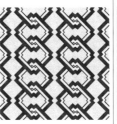

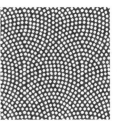

观世水（布）
kanzeimizu

一种漩涡状水波纹图案，寓意变化和无限可能。源自日本能乐世家观山家，常见于扇面或书本的封面。

巴（布）
tomoe

圆形中带有勾玉花纹的图案按照规律排列形成的一种纹样，常见于日本的大鼓、砖瓦或家徽。

吉原系（布）
yoshiwaratsunagi

四角缺失的正方形在对角处交叉排列所形成的花纹。常见于日本的传统服饰和门帘。

鲛小纹（布）
samekomon

小圆点进行圆弧状连续排列所形成的花纹，小花纹的一种，常见于日本和服。鲛小纹的最大特点是远观似纯色布料，如果加入有光泽感的染料，布料就会闪闪发光，在阳光下十分夺目、漂亮。

井桁（布）
igeta

将井字形图案按照规律排列所形成的花纹，常见于碎花布料，换作菱形图案也称作"井桁"。

御召十（布）
omeshijyu

由圆点和十字交错排列形成的花纹，小花纹的一种，是日本幕府时代德川家族的专用纹样。

笼目（布）
kagome

六边形格子状花纹，看起来像是竹篮。因形似六芒星，所以被认为具有辟邪的作用。

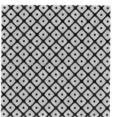

鹿子（布）
kanoko

一种扎染花纹，因形似鹿背上的斑点而得名。这种布料表面凹凸不平，透气性好，触感轻盈。通过纺织或编织工艺制作的类似花纹也叫鹿子。

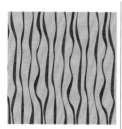

曲线条纹（布）
yorokejima

由弯曲的线条排列形成的纵条纹，可通过印染、纺织等工艺来制作。

扎染（布）
tie-dye

一种染色工艺，先将布的一部分用绳、线等缠绕打结，再进行染色，然后将线拆除。扎染花纹变化多样，素雅质朴，其呈现的独特艺术效果是现代机械印染工艺难以实现的。

刺子绣（布）
sashiko

在布料上，通过刺绣的方式，用线绣出几何图案的缝制技法，目的是加固布料，提高保暖性。布料与绣线的颜色可随意搭配，其中，在蓝色布料上绣白色图案是主流。

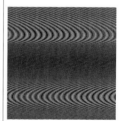

水波纹（布）
moire

一些图案或线条按照一定规律不断排列、重叠时，因周期性偏移所呈现出的条纹，也叫干扰纹。因形似木纹，有时也叫木纹。

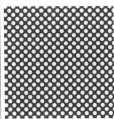

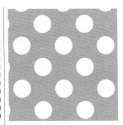

雷纹（布）
thunder pattern

由直线段组成的连续旋涡状图案，常见于日式拉面碗的内侧。在中国是一种代表雷电的花纹，被认为具有辟邪的作用。

针尖波点（布）
pin dot

指如针尖般大小的小圆点图案。如果圆点再稍大一些，则叫作"波尔卡波点"。这种花纹远看如纯色，颇具高级感，常用于各种男女式衬衫的设计中。

鸟眼波点（布）
birds eye

白色的小圆点按照一定规律和间距排列所形成的花纹，因形似鸟眼而得名。它给人以沉着稳重之感，常用于男式衬衫等的设计中。

大波点（布）
coin dot

一种相对较大的圆点，大小如硬币，比大波点稍小一点的叫波尔卡波点。

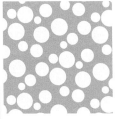

环形波点（布）
ring dot

形似圆环的波点。

波尔卡波点（布）
polka dot

大小介于针尖波点和大波点之间的波点花纹。

花洒波点（布）
shower dot

圆点大小不一、排列无规律的花纹，因看起来如喷洒出的水滴而得名。与泡泡波点同属于不规则波点，但花洒波点的圆点相对小一些。

泡泡波点（布）
bubble dot

形如缓缓上升的气泡，圆点大小不一、排列无规律的花纹。与花洒波点类似，但圆点更大一些。

散波点（布）
random dot

圆点大小不一，排列无规律的花纹，与花洒波点、泡泡波点（p155）同属不规则波点，但较二者圆点更小。

星星印花（布）
star print

由星星图案印刷而成的花纹，星星的大小、颜色、排列一般没有固定规律。星星印花是一款比较经典的花纹，不易受流行趋势影响，又因星星象征幸运，所以深受人们喜爱。

十字印花（布）
cross print

由十字或加号印刷而成的花纹，多为单色。因瑞士国旗也有类似的十字图案，所以又叫瑞士十字花。

骷髅花纹（布）
skull

以骷髅头为原型的图案或设计。寓示着危险与死亡，是饰品、服装、文身中比较常用的图案。skull意为颅骨、头骨。

点状细条纹（布）
pinhead stripe

一种点线纵向排列的细条纹。

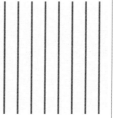

针尖细条纹（布）
pin stripe

如针尖般纤细的条纹，是条纹中最低调的花色。

铅笔细条纹（布）
pencil stripe

线条较细，线条间有一定间距的条纹，是一款比较经典的西装常用条纹。比针尖细条纹粗，比粉笔中条纹细，因似铅笔画线而得名。

粉笔中条纹（布）
chalk stripe

在明度和色彩饱和度较低的暗黑色、藏青色、灰色底色上，加入比较模糊的白色细条所形成的花纹。因看起来像是用粉笔在黑板上画线而得名。

 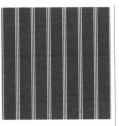 

发丝条纹（布）
hairline stripe

线条如发丝般纤细，间距较小的条纹，远看如纯色，近看才能看到条纹的纹理。发丝条纹古典细腻，是颇具代表性的条纹之一。

双条纹（布）
double stripe

两条细线为一组，以一定间距不断重复所形成的纵向条纹。因看起来很像轨道，所以间距较宽时也称作"轨道条纹（rail road stripe）"。

三线条纹（布）
triple stripe

三条细线为一组，以一定间距不断重复所形成的纵向条纹。

糖果条纹（布）
candy stripe

由条宽 1～3 毫米的黄色、蓝色、绿色等色彩鲜艳的彩条组成的等距条纹。可以是某种颜色与白色的组合，也可以是多种颜色的组合，因似传统的糖果包装纸而得名。

 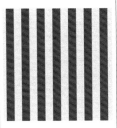 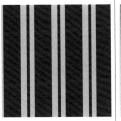 

伦敦条纹（布）
London stripe

在白底上加入条宽约 5 毫米的蓝色或红色等距条纹。这种条纹高雅时尚，有清洁感，多被做成牧师衬衫（p44）等。

孟加拉条纹（布）
Bengal stripe

起源于孟加拉地区的纵向条纹，色彩鲜艳，比糖果条纹略宽。孟加拉条纹衬衫也是比较经典的条纹商务衬衫。

同色粗细条纹（布）
thick and thin stripe

相同颜色、不同粗细的色条交替形成的纵向条纹。

交错条纹（布）
alternate stripe

由两种不同颜色和宽度的条纹纵向排列而成的花纹。线条间距固定，两种颜色多为同色系，最为常见的是深浅蓝交错条纹。

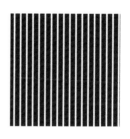

同色条纹（布）
self stripe

用同一颜色的纱线，通过变换纺织技法制作出的条纹。用这种布料制作的西装，沉稳不张扬，成熟有气质。也叫编织条纹（woven stripe）。

阴阳条纹（布）
shadow stripe

用同一颜色的纱线，通过改变交织方向形成的条纹。从一定角度近看才能看到若隐若现的纹理，有光泽感，远看如素色，高雅有气质。

山核桃条纹（布）
hickory stripe

蓝白或棕白条纹的牛仔布料，因纹理形似山核桃树的树皮而得名。其特点是结实耐脏，最早用来制作铁路工作者的工作服，现在常用于制作工作服、背带裤（p69）、画家裤（p59）等。有时也用来制作上衣和包等，使用十分广泛。牛仔是一款历史悠久的布料，复古休闲，是美式休闲装扮的必备要素。

阶梯式条纹（布）
cascade stripe

由宽度不断变窄的条纹按照规律排列形成的花纹。

渐变色条纹（布）
ombré stripe

由颜色逐渐变淡的条纹按照规律排列形成的花纹。ombré 为法语浓淡、阴影之意。

帐篷条纹（布）
awning stripe

由白色等亮度较高的颜色另加一种彩色组成的等距条纹，是遮阳伞和帐篷经常使用的一种花纹。awning意为遮雨篷、遮阳篷。

赛船条纹（布）
regatta stripe

一种较宽的竖条纹，源自英国大学划船比赛中穿着的赛服，复古且不失运动感。

俱乐部多色条纹（布）
club stripe

由 2 ～ 3 种比较有视觉冲击力的颜色组成的特定条纹。一般作为俱乐部或团体的象征。多用于制作领带、外套、小饰品等。

束状条纹（布）
cluster stripe

多根纱线为一组，按照固定间距排列形成的条纹。

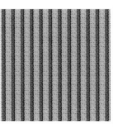

起绒凸条纹（布）
raised stripe

用特殊编织方法织出的具有凹凸感的条纹。

缎带条纹（布）
ribbon stripe

由明暗度对比较强烈的两种颜色组成的条纹，常见于各种缎带、丝带。也可以通过在较细的带子上压印彩色的线条来呈现类似的效果。

斜条纹（布）
diagonal stripe

由斜线组成的条纹的统称，这里特指倾斜角度为 45° 的条纹，还可以表示倾斜编织的针织衫等。

军团条纹（布）
regimental stripe

模仿英国军旗设计的斜条纹，主要由藏青色、深红色和绿色组成，常用于制作领带等。一般向左倾斜的条纹叫作"英式斜条"，向右倾斜的条纹叫作"美式斜条"。

乐普条纹（布）
repp stripe

向右倾斜的条纹，可以看作是军团条纹的镜像翻转，使用了这种花纹的领带叫作"乐普领带"，是美国独具代表性的传统花纹。

人字斜纹（布）
herringbone

左右斜纹交替排列形成的纵向条纹，因形似人字而得名。这是十分常见的鞋底印花。

横条纹（布）
horizontal stripe

即横向的条纹。

多色彩条纹（布）
multiple border

通过多种颜色、多种条宽组合而成的条纹。这类条纹可以设计出非常丰富的多层次效果。

宽人字条纹（布）
chevron stripe

呈连续人字形的条纹，chevron 在法语中是军人、警察制服上表示军衔的 V 字形标志。

波希米亚花纹（布）
Bohemian

波希米亚地区民族服装所用的花纹。极具吉卜赛风情，给人以自由奔放之感。可见于弗拉明戈歌舞的演出服。

部落风印花（布）
tribal print

萨摩亚群岛和非洲各部落常见的民族花纹。每个部落都有自己独特的设计，其中最具代表性的要数居住在赤道附近的萨摩亚群岛和太平洋群岛所使用的萨摩亚民族花纹。它一般由直线和抽象几何图案组合而成，花纹中大多会加入动植物元素，地域性强。多为单色，偶尔也有非常鲜艳的配色。同时，红花纹还带有浓烈的宗教色彩，除用于服装，还可以用于物品装饰和文身等。

马拉喀什花纹（布）
Marrakech

源自摩洛哥城市马拉喀什的花纹，由抽象画的圆形和花朵按照规律排列形成。常用于瓷砖印花。

奇马约花纹（布）
Chimayo

由对称的多个菱形组合而成的美式传统花纹。用这种花纹做出的纺织品也是位于美国新墨西哥州奇马约村的传统工艺品。

鱼子酱压纹
caviar skin

常用在包、钱包等皮革制品上的压花。可以使制品呈现独特的光泽和质感，因看上去像鱼子酱而得名。

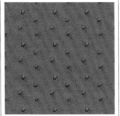

鸵鸟皮
ostrich

即鸵鸟的皮，也可指用鸵鸟皮制作的包、钱包、腰带等物品。表面的毛孔独具特色，皮质厚实，经久耐用，不易划伤，是一种高级皮制品。缺点是怕水。

蜥蜴皮
lizard

即蜥蜴的皮，或模仿蜥蜴的表皮制作的皮革。大小整齐的鳞状花纹是其最大特征，是一种十分结实耐用的高级皮革，多用于制作包、腰带、钱包等。

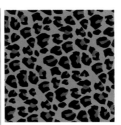

动物纹
animal print

模仿动物的斑纹设计的花纹，以哺乳动物和爬行动物为主，比较为人们所熟知的是豹纹、斑马纹、蛇皮纹和鳄鱼纹等。

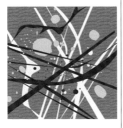

飞溅纹
dripping

指颜料滴落或飞溅所形成的花纹或这种绘画手法。美国抽象表现主义绘画大师杰克逊·波洛克（Jackson Pollock）就曾使用这种技法创作了很多作品。现代时装中也常有使用。

星空印花
cosmic print

以星空、宇宙为主题的花纹的统称。

组合字母印花
monogram

将两个以上的字母组合起来设计的原创图案。最常见的就是将人名或物品名的首字母制作成商标。其中，路易·威登（Louis Vuitton）的 L 和 V，以及香奈儿（CHANEL）的两个重叠字母 C 就是比较有名的范例。

视觉花纹
optical pattern

利用几何图形制作，能够引起错觉的花纹。可以根据设计者的意图，在视觉上改变物体的大小或扭曲程度。optical 意为视觉的、光学的。

大理石纹
marble pattern

模仿大理石纹路设计的花纹，看起来像是将不同颜色揉在了一起，具有流动感。可见于玻璃球、巧克力、蛋糕等的设计中。

大马士革花纹
damask

模仿大马士革花纹设计的图案，多以植物、果实、花朵为元素。使用色彩较少，一般为 2～3 种。是欧洲室内装饰常用的经典花纹。

蔓草花纹
foliage scroll

一款看似藤蔓植物的茎相互缠绕的花纹。据说源自古希腊的一种蔓草，蔓草绵延不绝，象征繁荣、长寿，是一种寓意吉祥的图案。

植物印花
botanical print

所有以植物为原型设计的花纹的统称。与花朵图案相比，植物印花更侧重于使用树叶、茎、果实等，看起来更加沉着、雅致、有气质。botanical 意为植物的、植物学的。

佩斯利花纹
paisley

一种来源于波斯和印度克什米尔地区，图案致密、颜色丰富的传统花纹。花纹元素包含松果、菩提树叶、柏树、杧果、石榴、椰树叶等，寓意永恒的生命。色彩鲜艳，被广泛运用于服装、地毯、手帕、美甲等设计中。原本需要非常高超的纺织技术才可制出，现代则通过印刷工艺可以简单地实现。佩斯利也可代指印有这种花纹的纺织品。

阿拉伯花纹
arabesque

源自清真寺墙壁上装饰的花纹，由蔓草与星星等几何图案交织组合而成。

装饰性花纹
ornament pattern

起到配饰、装饰作用的花纹。图案以蓟、睡莲、贝类居多，多用于家装饰物和奖状等。

洛可可式花纹
rococo

起源于法国 1730 年至 1970 年路易十五时期的艺术风格。以巴洛克式为基础，优美细致。错综的玫瑰花图案是最常见的一种洛可可式印花。

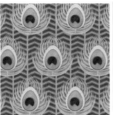

孔雀花纹
peacock pattern

以孔雀的羽毛为原型设计的花纹。有的为展开的孔雀羽毛设计，带有圆形部分，有的不带圆形部分；后者常被用作美甲图案。

哥白林花纹
Gobelin

源自法国棉织画的传统花纹或纺织制品。多为花朵主题或佩斯利风，现代与此类似的花纹都可称作"哥白林花纹"。哥白林原本指的是一种以人物和风景为主题的挂毯。

费尔岛提花
Fair Isle

源自英国苏格兰费尔岛的传统花纹，距今已有 400 多年的历史。它集凯尔特文化和北欧文化于一体，颜色多样，图案致密复杂。常用的图案有巴斯克百合、摩尔勇士的弓箭等。多用于制作毛衣和袜子。

北欧风图案
Nordic pattern

北欧的传统花纹。常用的元素为以点绘形式制作的雪花结晶、驯鹿、冷杉、心形、几何图案等。多用于北欧风针织衫、毛衣和手套等设计中。

斯堪的纳维亚花纹
Scandinavian pattern

以白色的雪花结晶、木材纹理、花朵为元素的花纹。斯堪的纳维亚包含丹麦、瑞典、挪威三个国家，但整个北欧地区，与之类似的花纹均可叫作"斯堪的纳维亚花纹"。

伊卡特花纹
ikat

伊卡特是印度尼西亚和马来西亚的一种以天然染料制作的传统染织制品，其中以印度尼西亚爪哇出产的纱最为有名。伊卡特花纹所使用的元素一般为几何图案或动植物。

迷彩图案
camouflage pattern

军队中为防止被敌人发现所使用的花纹。最初仅用于车辆、军服、战斗服中，后逐渐延伸到现代时装中。

挪威点花
Lusekofte

北欧的一种点绘图案，北欧风图案（p163）的一种，是挪威的传统花纹。起初只有黑白两色的设计，现在的配色已非常丰富。

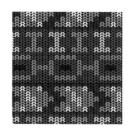

提花
jacquard

提花并非特指某一种花纹或图案，由提花织布机纺织而成的任意纹样都被称作"提花"。雅卡尔提花机是一款可以织出各种复杂图案的自动机器，由法国发明家雅卡尔（Joseph Marie Jacquard）发明。雅卡尔提花机不会出现人为的错误，使纺织品的生产在速度、质量、数量等方面都有了很大的提升。

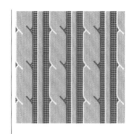

麻花针
cable stich

指可以将毛衣织出麻绳状花纹的编织方法。这种织法可以增加毛衣的厚度和立体感，从而提升保暖效果。

阿伦花样
Aran

针织衫常用的花纹，源自爱尔兰阿兰群岛渔民捕鱼时穿着的毛衣。以捕鱼所用的绳索、安全绳为原型编织出的纹样代表着对渔民的祝福。

正针
knit

棒针编织中，横向编织时的基本针法之一。指将毛线圈从远端拉向近端的一种织法。与反针交替进行编织，即为平纹编织。

反针
purl

棒针编织中，横向编织时的基本针法之一。指将毛线圈从近端拉向远端的一种织法，也是一种编发手法。

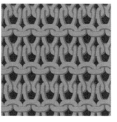

平纹编织
plain

棒针编织中，横向编织基本针法之一。由正针、反针层层交替编织而成，手法简单，是围巾的常用织法。

罗纹针
rib

由正针和反针交替编织而成的针法。横向上具有弹性，不易卷边，易于缝制和剪裁，常用于制作毛衣的袖口和紧身毛衣等。

多臂提花
dobby weave

用多臂提花机制作的纺织品。除纺线外，一般会另加别的线来编织花纹或图案。

蜂窝针（华夫格）
honeycomb weave

将经纱和纬纱悬空编织，织出的格子凹凸不平的针法或纺织品，因形似蜂窝而得名。弹性大，比较厚实，触感独特，吸水性好，不粘皮肤，常用于制作床单、被罩、毛巾等。

斜纹编织
twill

一种常见的牛仔布料纺织技法，经纱和纬纱的交织点在织物表面呈现一定角度的倾斜。特点是不容易起皱，在尼龙布和华达呢中也较常见。

牛仔布（丹宁布）
denim

由靛蓝色（彩色）经纱和无色（白色）纬纱进行斜纹编织制成的一种质地厚实的布料，多用于制作牛仔衣或牛仔裤。

灯芯绒
corduroy

表面呈纵线绒条的纺织物，多为棉制品，因绒条像一根根灯草芯而得名。质地厚实，保暖性好，多用于制作冬季衣物。也叫天鹅绒。

青年布
chambray

由有色经纱和无色纬纱用平纹编织而成的棉织物，也可指使用该布料制作的产品。面料轻薄不易变形，多用于薄衬衫和连衣裙等。

粗棉布（劳动布）
dungaree

由无色经纱和有色纬纱进行斜纹编织制成的布料，也可指使用该布料制作的产品。特点是质地紧密、坚固耐穿。

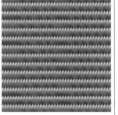

罗缎
grosgrain

一种纬纱比经纱粗，因而显示出棱纹的平纹织物，经纱的密度一般是纬纱密度的3～5倍。布面紧实，十分耐用，常用于制作缎带。

缎子（沙丁布）
satin

经纱和纬纱的交叉点比较分散，有一定间距的纺织手法。布料特点是光泽度高，垂感好，触感柔软。

绗缝
quilting

在正面和背面两层布之间夹上棉花、羽毛、布料等填充物后，在其中一面压线缝制的处理手法。这样里面的棉花等不易结团，常用于制作寝具和防寒衣物，也有很高的装饰性。

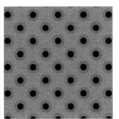

扣眼刺绣
eyelet embroidery

用一种装饰性小孔按照规律排列所形成的布料，有透视效果，多加入刺绣镶边，装饰性强。

网纱
mesh

服饰中常用的网状编织物，网眼一般呈规则多边形，通过编织、纺织的手法制作而成。网眼较大的与蕾丝有同样的透视效果。

六角网眼刺绣蕾丝花边
tulle lace

由丝线、棉线、尼龙线等制成的六角形或菱形网眼蕾丝。边缘处用刺绣装饰，轻薄雅致，通透感好，常用于婚纱和礼服设计中。

盘带花边
batten lace

将丝带状的布条沿着纸板缝合，然后用线将空隙编织起来所形成的花边。十九世纪在欧洲很流行，名称来源于德国的巴滕贝格（Battenberg）。

网眼花边
eyelet lace

通过在布料上开小孔、织边、卷边缝合等来实现的刺绣技法。因外观与蕾丝比较像，所以有时候也叫网眼蕾丝。

钩针花边
crochet lace

用钩针编织而成的花边。

结绳网（花边）
macramé lace

由绳、线通过打结的方式制作而成的网状织物，常见于桌布、腰带等。

帽子：贝雷帽（p113）
上衣：立领（p18）
　　　蓬蓬袖（p29）
　　　褶边胸饰（p138）
裤子：牛津布袋裤（p63）
包：香奈儿包（p126）
鞋：穆勒鞋（p104）

上衣：西装外套（p81）
裤子：四分短裤（p67）
鞋：尖头鞋（p108）

插图：CHIAKI

大地色
earth color

以土壤、树干等褐色为中心的色系，其中以米色和卡其色最具代表性。从二十世纪七十年代开始逐渐流行，普遍应用于纺织、服装和化妆品等领域。

酸味色
acid color

容易让人联想到橘子、柠檬、不成熟的果实等酸味水果的颜色。黄绿色的柑橘类颜色最具代表性。

原始色
ecru

浅灰黄、米黄色、米白色等没有进行漂白加工的本色或初始颜色。ecru 在法语中为未加工之意。

中性色
neutral color

黑、白、灰三种颜色，也可指色彩饱和度极低的肉色或象牙色。这类颜色的特点是易于搭配且不容易过时。

淡色
pale color

亮度和色彩饱和度都比较低的颜色。pale意为浅的、淡的。

沙色
sand color

一种亮度高、色彩饱和度低的颜色，因容易让人联想到沙子而得名，可细分为岩石灰、沙米色等。

单色调
monotone

由不同浓淡程度的同一种颜色或几种颜色组合形成的色彩调性，带给人强烈的都市感。以黑、白、灰为主，同一色相的例如蓝、水蓝、白也可叫作"单色调"。

三色配色
（三色旗）
tricolour

由对比强烈的三种颜色组成的配色形式。三色旗也是法国国旗的别称，其中，蓝色代表自由，白色代表平等，红色代表博爱。

双色
bicolor

- - - - - - - - - - - - - - -

由两种颜色组成的配色形式。可以是小面积搭配，也可以运用在较大的范围内。

同色系
tone-on-tone

- - - - - - - - - - - - - - -

由相同色系，但明暗度（色调）不同的几种颜色组成的配色形式。需要注意的是，这种配色看起来会比较普通，几乎没什么特点。但另一方面，同色系搭配可给人一种沉着、稳重之感。

同色调
tone-in-tone

- - - - - - - - - - - - - - -

由色调相似，但色系不同的几种颜色组成的配色形式。虽然色系不同，但明暗度相同，所以看起来比较协调。

主色调
dominant tone

- - - - - - - - - - - - - - -

由相同色调、不同色系的颜色组成的配色形式。色彩变化多，色调不同所表达出的感觉也不同。

主颜色
dominant color

- - - - - - - - - - - - - - -

指由色系相近，色调不同的颜色组成的配色形式。比较有统一性，可以加强某种颜色给人的独特觉感。

浊色
tonal colour

- - - - - - - - - - - - - - -

指主要由浊色系颜色组合形成的配色形式。给人以朴素、沉着之感。

单色
camaïeu

- - - - - - - - - - - - - - -

指由色调相似、色系相同或相似的颜色组成的配色形式。这种配色整体感强烈，但又不至于太过单调。

伪单色
faux camaïeu

- - - - - - - - - - - - - - -

与单色配色十分相似，相比之下其色差的变化会更大一些。伪单色配色同样很有整体性，平衡感也不错。

索引

审定专家

福地宏子

日本杉野服饰大学讲师。

2002年毕业于日本杉野女子大学（现为日本杉野服饰大学）服装设计专业。

2002年起任职于日本杉野服饰大学，并兼任日本杉野学园裙装制作学院、日本和洋女子大学等多所学校的外聘讲师。图书服装类插画家和相关学术研讨会的组织者。

数井靖子

日本杉野服饰大学讲师。

2005年毕业于日本杉野女子大学（现为日本杉野服饰大学）创意布料设计专业。

2005年起任职于日本杉野服饰大学专科学院及高中。

图书在版编目（CIP）数据

女子服饰图鉴：1130种服装、鞋帽、包包、配饰、
纹样、配色详解/（日）沟口康彦著；冯利敏译. —— 海
口：南海出版公司，2024.5
ISBN 978-7-5735-0895-9

Ⅰ.①女… Ⅱ.①沟… ②冯… Ⅲ.①女性—服饰—
日本—图集 Ⅳ.①TS941.743.13-64

中国国家版本馆CIP数据核字(2024)第059517号

著作权合同登记号　　图字：30-2023-004
TITLE:〔SHINPAN MODARINA NO FASHION PARTS ZUKAN〕
BY:〔Yasuhiko Mizoguchi〕
Copyright © FishTail, 2019
All rights reserved.
Original Japanese edition published by Maar-sha Publishing Co., LTD.
This Simplified Chinese language edition is published by arrangement with
Maar-sha Publishing Co., LTD., Tokyo in care of Tuttle-Mori Agency, Inc.,
Tokyo through Pace Agency Ltd., Jiangsu Province.

本书由日本Maar社授权北京书中缘图书有限公司出品并由南海出版公司在中国
范围内独家出版本书中文简体字版本。

NÜZI FUSHI TUJIAN: 1130 ZHONG FUZHUANG、XIEMAO、BAOBAO、PEISHI、WENYANG、PEISE XIANGJIE
女子服饰图鉴：1130种服装、鞋帽、包包、配饰、纹样、配色详解

策划制作：北京书锦缘咨询有限公司
总 策 划：陈　庆
策　　划：肖文静

作　　者：［日］沟口康彦
译　　者：冯利敏
责任编辑：聂　敏
排版设计：刘岩松
出版发行：南海出版公司 电话：（0898）66568511（出版）　（0898）65350227（发行）
社　　址：海南省海口市海秀中路51号星华大厦五楼　邮编：570206
电子信箱：nhpublishing@163.com
经　　销：新华书店
印　　刷：和谐彩艺印刷科技（北京）有限公司
开　　本：889毫米×1194毫米　1/32
印　　张：5.5
字　　数：300千
版　　次：2024年5月第1版　2024年5月第1次印刷
书　　号：ISBN 978-7-5735-0895-9
定　　价：88.00元